JN177350

1時間でわかる エクセルデータ分析 超入門

羽山博 著

技術評論社

●本書について

「新感覚」のパソコン解説書

本書は「1時間で読める・わかる」をコンセプトに制作された、まったく新しいパソコン解説書です。「1時間でなにができる?」と疑問を感じているかもしれませんが、ビジネスの現場で必要とされるパソコンの操作はそれほど多くはありません。

ビジネスの現場で必要とされる操作に絞ることで、1時間で読んで理解することができるのです。

また、従来のパソコン書は具体的な操作解説が中心ですが、本書はコツやしくみの解説に重点を置いています。コツやしくみを理解しない場合、ほんの少しでも状況が異なると、とたんに操作がおぼつかなくなってしまいます。

移動時間でもサッと読めるように、縦書きスタイルの読んで・わかる新感覚なパソコン解説書です。

エクセルなら、データの視覚化や分析もかんたん

エクセルにはデータ分析のためのさまざまな機能が用意されています。使い慣れた表を使って分析ができるので、数式が苦手でも、データ分析がぐっと身近になることでしょう。

そもそも、データ分析とはバリバリと数式を使いこなすことではなく、データの特徴やデータの背後に隠された意味をいかに見つけ出すかということです。そういう意味ではむしろ文系的なモノの見方も大切です。

データ分析には統計関数やグラフをよく使いますが、それらはあくまでも道具にすぎません。もちろん、道具を使うにはそれなりの練習が必要になりますが、少しずつ確実に理解を進めていけば、データの意味を深く分析する手助けになります。最初は読み流すだけで構わないので、1時間でそれらの道具に親しみつつ、本質を見きわめる底力を養いましょう。

本書はエクセル2016／2013／2010を対象にしています。

8ページの「サンプルファイルダウンロード」を読んで、サンプルファイルをダウンロードして実際に操作をしながら本書を読み進めると、より理解が深まります。

目次

1章 データ分析をスムーズに進めてビジネスをレベルアップさせるには

2章 集団の全体像や特徴を見きわめ、代表値や全体の中での位置を求める

3章

複数の値どうしの関係を調べ、将来の値を予測する

4章 営業活動や販売促進、トラブル対策の戦略を立てる

[サンプルファイルダウンロード]

本書の解説に利用しているExcelのファイルは以下のURLからダウンロードすることができます。

http://gihyo.jp/book/2017/978-4-7741-9172-0/support

ダウンロードするファイルは圧縮形式になっており、解凍すると、第1章のサンプルがChap1フォルダーに、第2章のサンプルがChap2フォルダーのように、各章ごとにサンプルを格納したフォルダーになっています。

各章ごとのフォルダーには、各ページに対応したサンプルファイルが格納されています。操作前のファイルはP-＊＊＊_before.xlsxファイル、操作後のファイルはP-＊＊＊_after.xlsx（＊＊＊は対応ページ）という名前になっています。before・afterファイルがないものは、参考のためのファイルになります。また、サンプルファイル自体がないページもあります。

[免責]

本書に記載された内容は、情報の提供のみを目的としています。したがって、本書を用いた運用は、必ずお客様自身の責任と判断によって行ってください。これらの情報の運用の結果について、技術評論社および著者はいかなる責任も負いません。

本書記載の情報は、2017年6月末日現在のものを掲載していますので、ご利用時には、変更されている場合もあります。

また、本書はWindows 10とExcel 2016を使って作成されており、2017年6月末日現在での最新バージョンを元にしています。ソフトウェアはバージョンアップされる場合があり、本書での説明とは機能内容や画面図などが異なってしまうこともあり得ます。

以上の注意事項をご承諾いただいたうえで、本書をご利用願います。これらの注意事項に関わる理由に基づく、返金、返本を含む、あらゆる対処を、技術評論社および著者は行いません。

[商標・登録商標について]

本書に記載した会社名、プログラム名、システム名などは、米国およびその他の国における登録商標または商標です。本文中では™、®マークは明記しておりません。

1章

データ分析をスムーズに進めてビジネスをレベルアップさせるには

SECTION 01

データ分析とは知識や経験のクオリティを高める活動である

必読

なんのために、データ分析を行うかを認識する

ビジネスを確実に展開していくにあたり、リスクを最小化し、リターンを最大化するためにはなにが必要だろうか。さまざまな活動から生まれてくるデータを客観的に分析し、次の活動に役立てること、というのは誰もが納得する答えだろう。

つまり「そこにデータがあるから」データを分析するのではなく、**なんらかの活動に役立てるという目的があり、その目的を達成するためにデータを分析する**のである。

そこで、まずは目的を明確にしよう。

営業担当者の活動を支援するために売上を分析するのか、重点的にプッシュしていく商品を決めるため、あるいは不人気商品のリニューアルや撤退の決断のために商品の売れ行きを分析するのか、不良在庫を減らし、コストを下げるために出荷数を分析するのか…、ふだんは暗黙のうちに考えているので、意識することはないかもしれない。しかし、**目的を言語化しておけば分析の観点や方法が見えてくる**はずだ。

データ分析はなんらかの目的にために行う

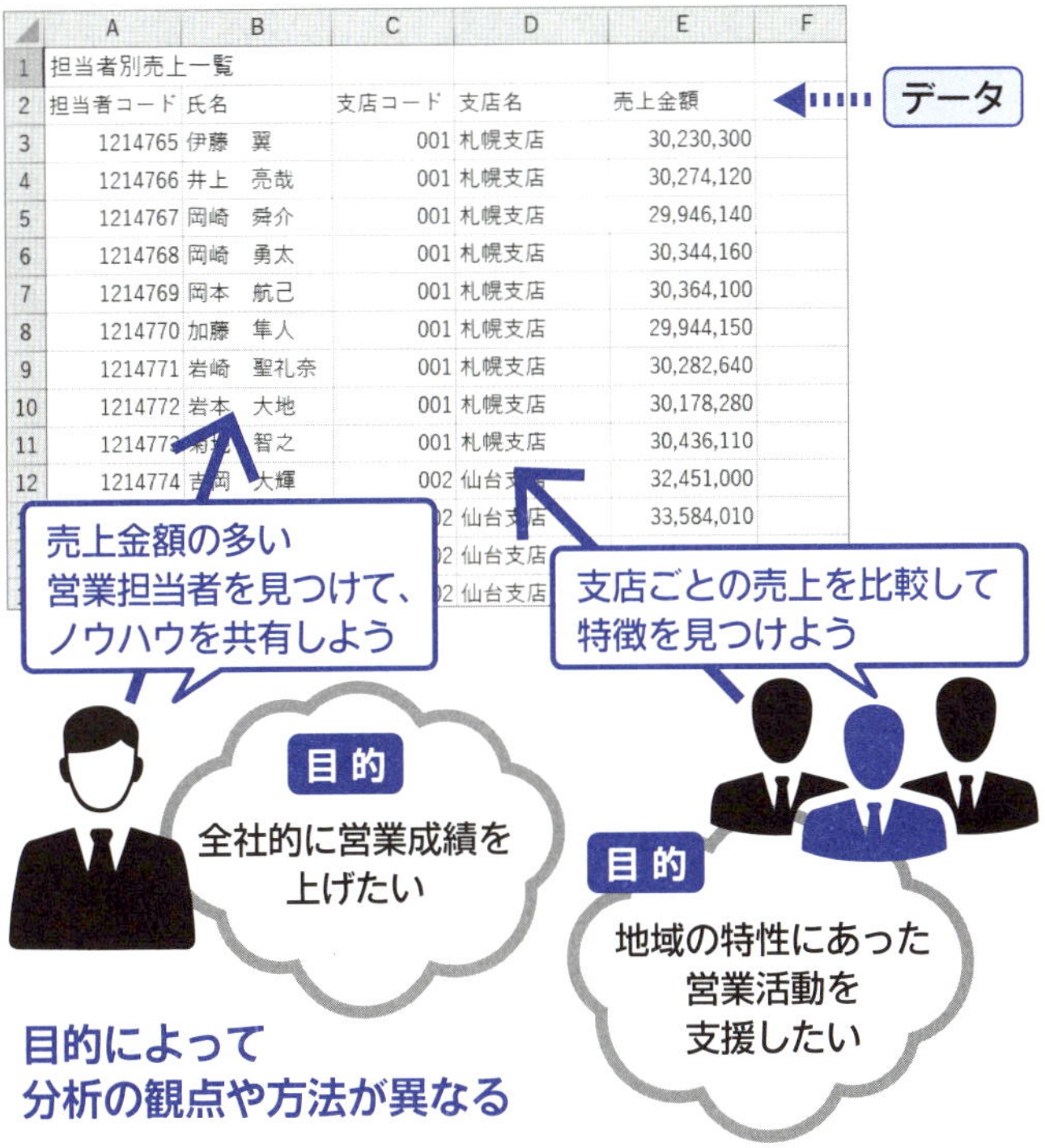

SUMMARY

- データ分析にはなんらかの目的がある
- まず、データ分析の目的を言語化しておく
- 目的が明らかになれば、
  分析の観点や方法が見えてくる

データ分析の観点と方法は、仮説によって導かれる!

目的を、分析の観点や方法に導いてくれるのが「仮説」である。例えば「営業担当者の中には優秀な人がいて、なんらかのノウハウを持っているのではないか」というのがひとつの仮説である。であれば「売上金額に注目する」という観点や「担当者ごとに集計して比較する」という方法が定まる。

仮説を立てずになんとなくデータを集計したり、グラフ化したりするのは、目の前の電車にとりあえず飛び乗るようなものである。気が付くと、とんでもない場所にたどり着いていた、ということにもなりかねない。場合によっては、そこで思いがけない発見に恵まれることもあるが、たいていは意味のない結果しか得られない。

なお、**本書での「仮説」とは統計的仮説検定という手法で使われる厳密な意味での「仮説」ではない**ことに注意してほしい。日常的な意味合いでの「直感」や「予想」を言語化したものと捉えてもらうとよいだろう。

私たちの思考にはバイアス(偏り)があり、無意識のうちに自分の考えに合った証拠を重視したり、不利な証拠を無視したりする傾向がある。**直感は役に立つが、誤った判断を下す可能性もある。それを正しい方向に導くのもデータ分析である。**

仮説が分析のスタートとゴールを結び付けてくれる

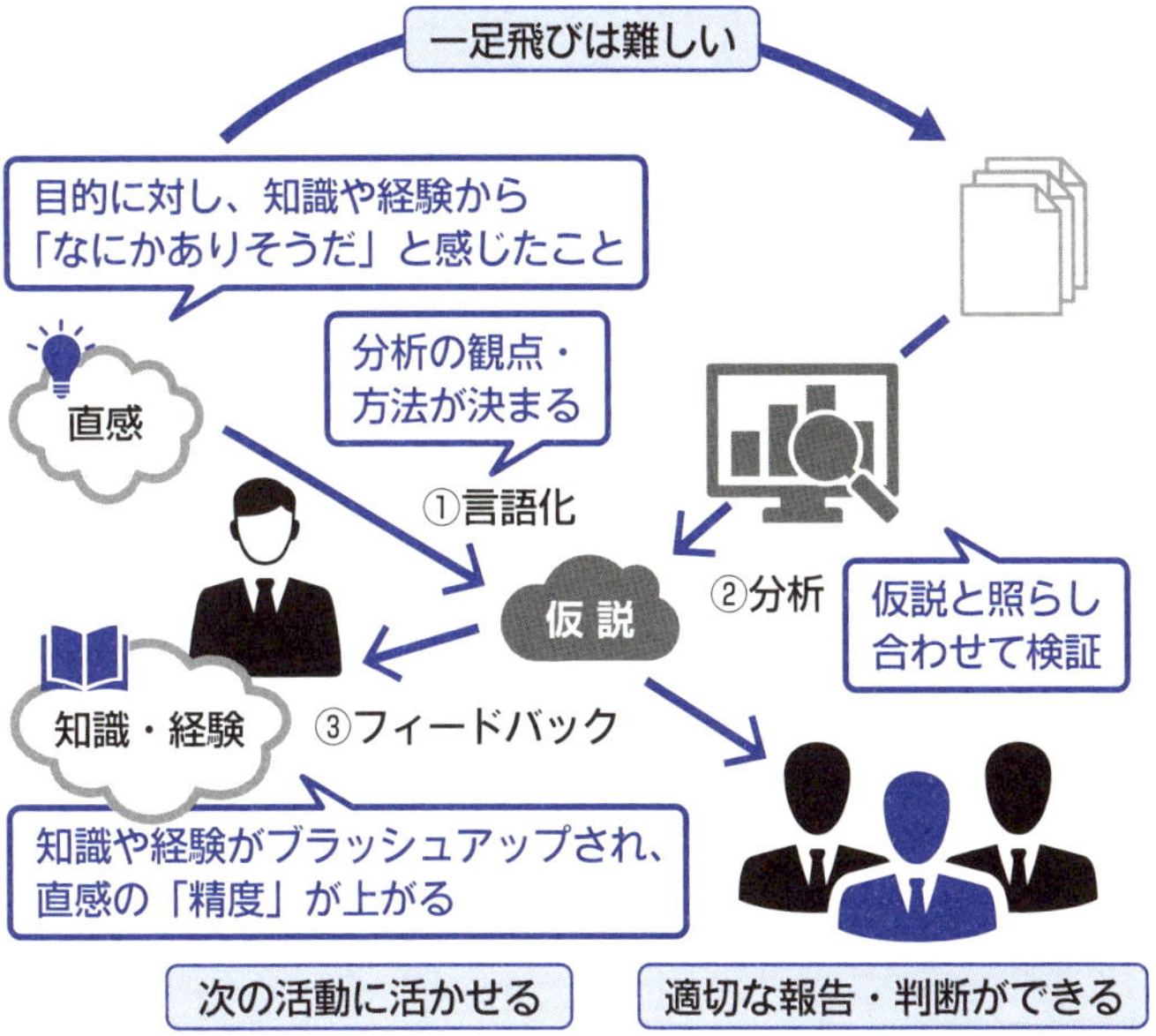

SUMMARY

- 直感はそれまでの知識や経験に裏打ちされたものである
- 仮説によって分析の観点や方法が明確になってくる
- 分析データを分析すれば、直感が正しいかどうかが確認できる

エクセルはデータ分析を強力にサポートしてくれる

エクセルにはデータ分析のためのさまざまな機能が備わっている。ここでは、分析に取り組む前に、どの場面でどの機能が使えるかをひと通り眺めておこう。

- **データを要約する・特徴を明確にする　↓　並べ替え、集計**
- **データの特徴を視覚化し、把握しやすくする　↓　グラフ、条件付き書式**
- **データの特徴や差異を数値で示したり、仮説を検証したりする　↓　統計関数**

営業活動の中では、日々、売上伝票が作成され、売上データが大量に蓄積される。しかし、大量の伝票や売上データを眺めているだけでは、役に立つ特徴を見出すのは難しい。そこで、並べ替えや集計によってデータを要約する。**集計表を見れば、全体的な傾向や特徴が見て取れる**。例えば、左ページの表は売上を支店別・月別に集計したクロス集計表である。生データからはわからない有益な情報が得られるはずだ。

グラフは傾向や特徴を視覚的に把握するのに役立つ。また、数値だけではわからなかった特徴の発見にも役立つ。また、プレゼンテーションにも活用できる。

さらに、27ページにまとめた統計関数を利用すれば、特徴を数値で示したり、仮説を検証したりできる。直感的な理解に根拠を与え、説得力を高めることができる。

データ分析をサポートする エクセルの機能とは

売上データを支店別・月別に集計したもの。
全体の特徴や特異な値が見て取れる

6月の

	A	B	C	D	E	F	G
1	市谷物産支店別売上集計表(2016年上半期)						単位:千円
2	支店名	4	5	6	7	8	9
3	札幌支店	28,000	31,000	32,000	67,000	69,000	45,000
4	仙台支店	21,000	24,000	41,000	78,100	94,000	75,300
5	東京本社	86,900	91,000	112,300	140,000	134,000	98,700
6	横浜支店	54,000	62,000	89,000	94,000	98,700	88,100
7	静岡支店	31,000	64,000	57,000	41,0	000	38,300
8	名古屋支社	48,000	56,000	71,340	87,900	89,000	76,000

売上

静岡支店の

集計には集計機能や
ピボットテーブルなどが使える

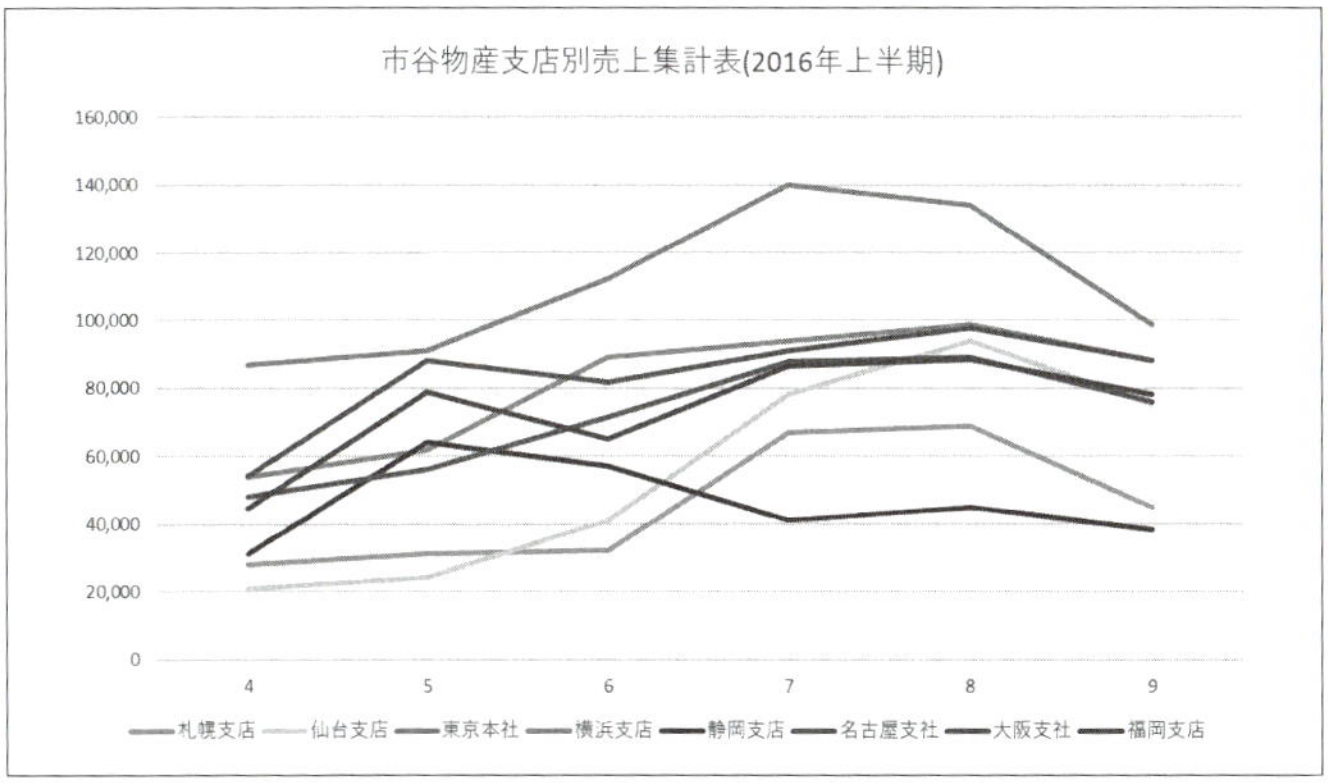

グラフ機能を使えば、数値だけでは
わかりにくい特徴も見えてくる

SECTION 02

データ分析の考え方と流れを体験してみよう

必読

仮説の検証には適切なデータ分析の方法が必要

ここでは、仮説の立て方や、データや分析結果の読み解き方を具体的な例で見ていく。データ分析の手法について早く知りたい人は、22ページに進んでもよい。

では、左ページのクロス集計表を例に考えてみよう。どんな仮説が立てられるだろうか。全体の傾向を見ると「どの支店も夏場に売上が上がる」とか「北に位置する支店よりも、南に位置する支店は立ち上がりが早い」といったことに気付くだろう。

さらにデータを詳しく見ると「静岡支店と大阪支社では夏場を迎える前から売上が伸びている」ようでもある。

こういった**仮説が正しいかどうかを知るためには、データの詳細な分析が必要である。**当然のことながら、**適切な方法を使わなければ、妥当な結果は得られない。**

この場合、売上と気温の相関係数を使えばある程度の分析ができる。相関係数の詳細は第3章に譲ることとして、18ページから分析の流れだけを追いかけよう。

気温と各支店の売上金額の関係に注目してみる

相関係数は2つの変数の関係を表す。値が1に近ければ正の相関が強い。その場合、一方の値が増えれば他方の値も増える

セルH7に入力されているCORREL関数

H7　=CORREL(B7:G7,B18:G18)

	A	B	C	D	E	F	G	H
1	市谷物産支店別売上集計表(2016年上半期)						単位:千円	
2	支店名	4	5	6	7	8	9	気温との相関
3	札幌支店	28,000	31,000	32,000	67,000	69,000	45,000	0.8529
4	仙台支店	21,000	24,000	41,000	78,100	94,000	75,300	0.9301
5	東京本社	86,900	91,000	112,300	140,000	134,000	98,700	0.8131
6	横浜支店	54,000	62,000	89,000	94,000	98,700	88,100	0.9457
7	静岡支店	31,000	64,000	57,000	41,000	45,000	38,300	0.0151
8	名古屋支社	48,000	56,000	71,340	87,900	89,000	76,000	0.9779
9	大阪支社	54,100	88,000	81,650	91,000	97,600	88,140	0.8899
10	福岡支店	44,560	78,900	65,000	86,400	88,450	78,100	0.8673
11								
12	月別平均気温(2016年上半期)							
13	支店名	4	5	6	7	8	9	
14	札幌支店	7.8	14.9	16.3	20.7	23.9	19.4	
15	仙台支店	11.9	17.0	19.8	23.0	25.7	22.1	
16	東京本社	15.4	20.2	22.4	25.4	27.1	24.4	
17	横浜支店	15.7	20.2	22.3	25.4	27.4	24.6	
18	静岡支店	16.6	20.2	22.7	26.0	27.9	25.4	
19	名古屋支社	15.9	20.6	22.9	27.0	28.6	25.2	

静岡支店だけ相関係数の値が小さい…ということは?

SUMMARY

➔ データ分析を進めるには、次のポイントに注目するとよい

- 全体の傾向を見る
- 全体の傾向と異なる値がないか調べる
- 何と何に関係がありそうか考える

データを分析すると、さらなる仮説が立てられることもある

16ページの「静岡支店と大阪支社では夏場を迎える前から売上が伸びている」という仮説は正しいのだろうか。大阪支社は気温と売上の正の相関が高い。このことから、大阪支社は、早い時期から売上が伸びたのではなく、単に数値が大きく見えただけではないかと推測される。一方、静岡支店の売上は気温と相関していないので、仮説は支持されそうだ。しかし、安易に結論に飛び付くべきではない。早くから売上が伸びているのではなく、むしろ、夏以降に売上が落ちる傾向があるのかもしれない。

このような場合、データをグラフ化すると新たな気付きが得られることも多い。**分析の視点に合わせてグラフの種類や形式を変える**ことも考えてみよう。例えば、気温をX軸に、売上をY軸にした散布図（直線とマーカー）にすれば、気温が何℃になると売上が向上し始めるかがわかる（20ページ参照）。

データを分析すると、特徴や差異がわかるだけでなく、新たな仮説が立てられたり、詳細な調査への手がかりが得られたりすることも多い。例えば、静岡が茶の産地である（茶摘みの時期と重なる）という地域性に気付くかもしれない。あるいは、ベテラン社員の退職などによって夏以降の売上が落ちたのかもしれない。

グラフによる視覚化で新たな気付きが得られる

- 静岡では茶摘みの時期に商品が売れる?
→ほかの産地（京都など）と比較してみる
県内全域で茶の栽培をしているわけではない
県内の地域による比較が必要
- 大阪では、5月に阪神タイガースの快進撃があった?
→ペナントレースの順位の調査、昨年度との比較
- 福岡の売上は気温による? 博多どんたくによる?
→祭りの期間とそれ以外の比較も必要

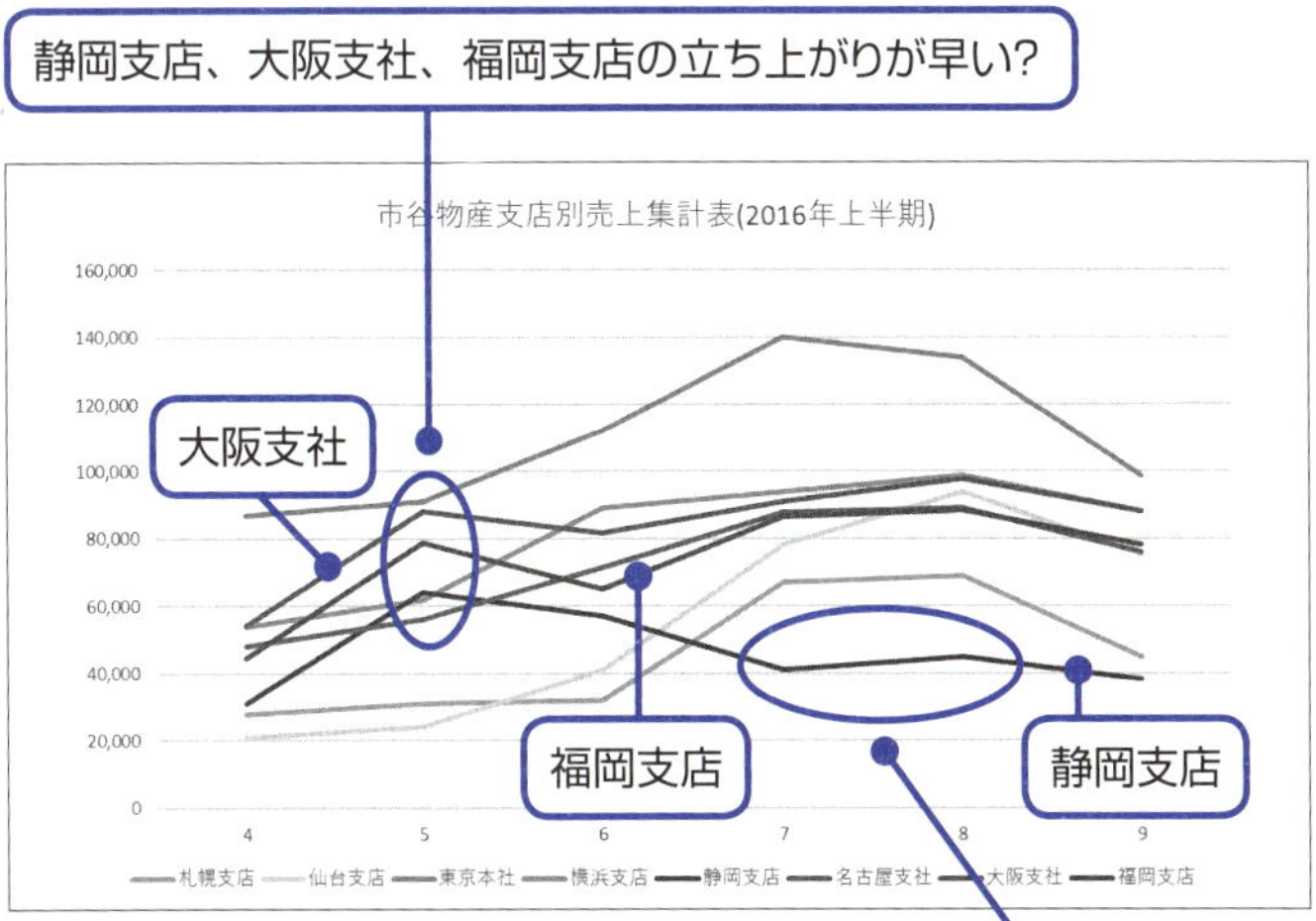

- 静岡支店での社員の異動による?
取引先の変更?
→昨年度との比較、人事異動の記録確認、顧客情報の調査、ヒアリング

仮説と分析の繰り返しにより本質の理解に近付く

18ページでも触れたように、グラフの種類や形式を変えると、さらなる気付きが得られることがある。そこで、気温をX軸に、売上をY軸にした散布図（直線とマーカー）を作ってみた。

このグラフから気温が20℃に近付くと売上が向上し始めることがわかる。ところが、静岡支店だけは、さらに気温が上がったときに売上が落ちていることがわかる。つまり、静岡支店では夏場になる前に売上が上がっているのではなく、夏場以降に売上が落ちたということがわかる（気温とは異なる原因があることが推察できる）。

分析は仮説をひとつ検証しただけで終わるものではない。ほとんど直感や常識に近い仮説からスタートして、データを集計したり、分析したりすると、詳細な仮説が新たに立てられる。その新たな仮説を検証するためにさらに分析を行い、**仮説と分析のスパイラル的な繰り返しにより、本質に近付いていくことができる**。

具体的な分析の方法については第2章以降で見ていくが、分析を行っても、すぐに結論に飛び付いて終わりにしてはいけない。考察を加えることにより、さらなる仮説や、より詳しい調査・分析の手がかりが得られることも多い。

グラフ化の方法を変えてみるとさらなる気付きが得られる

東京本社は15℃ぐらいでも売上が上がっている?

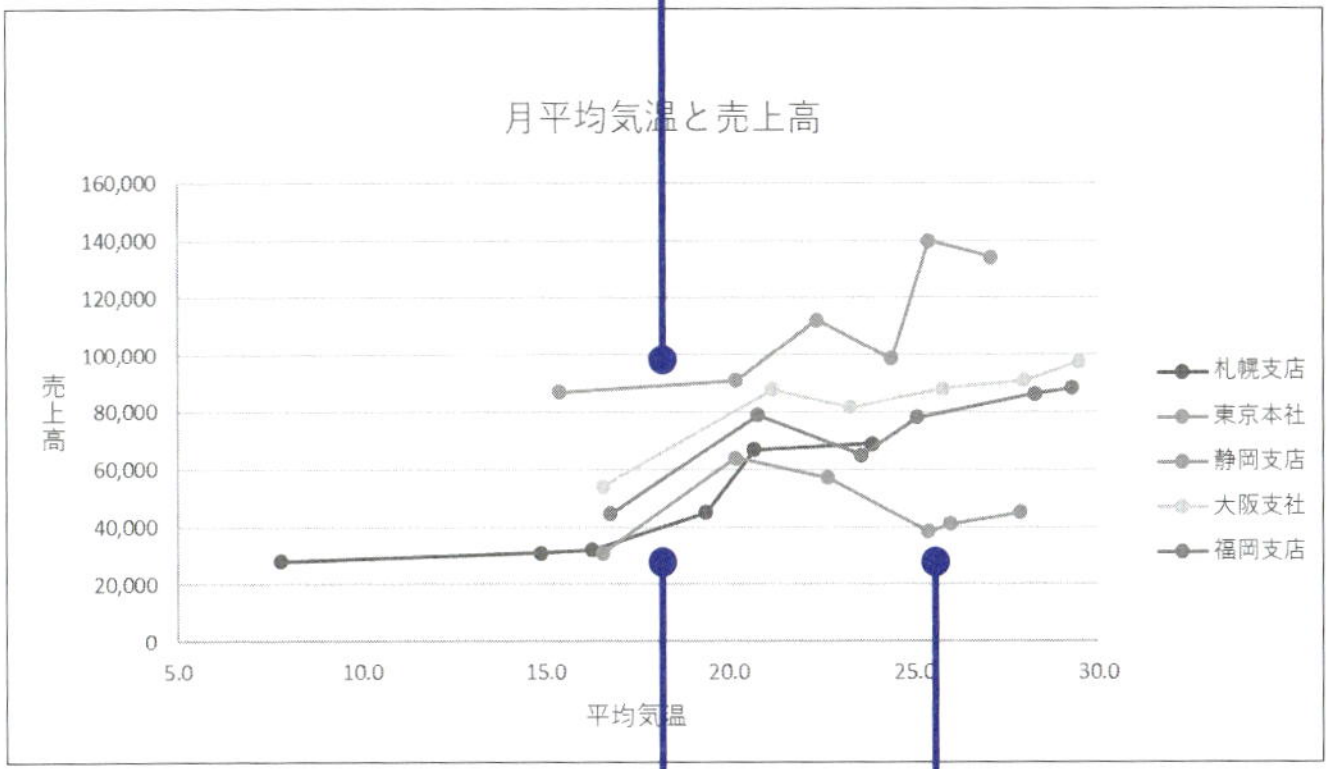

気温が20℃に近付くと飲料の売上が伸びる

静岡支店は気温が上がっても売上が伸びない

静岡の売上には気温そのもの以外の要因があるかもしれない
東京は15℃ぐらいから売上が一定の水準に上がっているとも読み取れるし、25℃ぐらいから売上が伸びているとも読み取れる
→さらなる分析が必要

SUMMARY

- 仮説が支持される結果が得られても、それで終わりではない
- さまざまな可能性があるので、新たな仮説が立てられることもある
- 分析は、さらに詳細な調査や分析の手がかりともなる

SECTION 03

分析に利用するデータはどのような形式で入力すればよい？

必読

レコードとフィールド

データ分析を行うためには、生のデータを整理して入力しておく必要がある。売上伝票を例に、その方法を見てみよう。

私たちはふだんなにげなく顧客名や商品名、単価、数量といったデータを伝票に記入しているので、データの件数を意識することはあまりないかもしれない。1枚の伝票に1件のデータが記録されていると思い込んでいる人も多いだろう。

実際には、1枚の伝票には複数のデータが記録されているのが普通である。日付や顧客名といった項目は1つしか記入されないが、商品名、単価、数量といった売上の明細は複数個記入する。**個々の明細が1件のデータにあたる**わけである。したがって、1枚の伝票の中には明細行の数だけデータが含まれることになる。

このような明細はレコードとも呼ばれる。**データ分析のためには、1レコードを1行に入力しておく**必要がある。なお、項目（列）はフィールドとも呼ばれる。

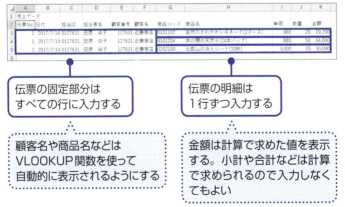

売上伝票のデータをワークシートに入力するには

明細の1行が1件のデータ。
この伝票なら3件のデータがある

No.　1

売　上　伝　票

2017年　7月　14日

担当ID 1214878　担当者名 田原　俊子

顧客番号　0127631　顧客名　近藤商店

商品コード	商品名	単価	数量	金額
0101102	自然のさわやかレモネード(1ダース)	960	20	19,200
0101204	井の頭の天然水(24本パック)	880	50	44,000
0202100	比叡山の冷えシート(10枚)	3,000	10	30,000
			小計	93,200
			税額	7,456
			合計	100,656

	A	B	C	D	E	F	G	H	I	J	K
1	売上データ										
2	伝票No.	日付	担当ID	担当者名	顧客番号	顧客名	商品コード	商品名	単価	数量	金額
3	1	2017/7/14	0127631	田原　俊子	127631	近藤商店	0101102	自然のさわやかレモネード(1ダース)	960	20	19,200
4	1	2017/7/14	0127631	田原　俊子	127631	近藤商店	0101204	井の頭の天然水(24本パック)	880	50	44,000
5	1	2017/7/14	0127631	田原　俊子	127631	近藤商店	0202100	比叡山の冷えシート(10枚)	3,000	10	30,000
6											

伝票の固定部分は
すべての行に入力する

顧客名や商品名などは
VLOOKUP関数を使って
自動的に表示されるようにする

伝票の明細は
1行ずつ入力する

金額は計算で求めた値を表示する。小計や合計などは計算で求められるので入力しなくてもよい

分析の前にデータを並べ替えたり、集計したりしておく

伝票などの明細をそのまま入力したデータは、ほとんど生のデータといってよい。規模の大きな業務であれば、手書きやエクセルではなく、販売管理システムと連携したデータベースソフトで入力するのが普通である。

しかし、そういった生のデータはそのままでは分析に使えないことが多い。そこで、**必要な項目だけを取り出したり、顧客や商品ごとに並べ替えたり、金額を集計したりして、分析に適した形式に加工しておく。**

15ページなどで見てきた売上集計表も、売上伝票のデータを各支店から集め、支店別・月別に売上金額を集計したものである。ちなみに、こういった加工もなんらかの仮説の元に行う。支店によって売上の差がある、月によって売上の差がある、といった仮説があるからこそ、分析に適した集計表を作るわけである。

集計はデータベースソフトで行う場合もあれば、エクセルを使って行う場合もある。売上データはデータ量が多いので、ここでは、かんたんなアンケートのデータを例に集計の方法を見ることとしよう。

集計のツールとしては、ピボットテーブルが便利である。

生のデータを分析に適する形に加工しておく

新商品のモニター調査で、味を5段階で評価し、ロゴ案A～Cのうち好きなものを選択してもらった。No.はモニター参加者の番号

No.	年齢	性別	味の評価	ロゴ案A～C
1	24	F	4	C
2	30	M	3	A
3	15	F	5	A
4	28	M	3	B
5	18	M	5	C
6	24	F	5	C
7	26	F	4	C
8	19	M	5	A
9	27	F	2	C
10	30	M	5	B

この例では、アンケート用紙1枚の回答が1件のレコードになる。これが生のデータ

行ラベル	平均 / 味の評価
F	4.0
M	4.2
総計	4.1

ピボットテーブルで性別ごとの平均を求める

個数 / ロゴ案A～C	列ラ			
行ラベル	A	B	C	総計
F	1	0	4	5
M	2	2	1	5
総計	3	2	5	10

ピボットテーブルで性別ごとのロゴ案の個数を求める

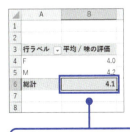

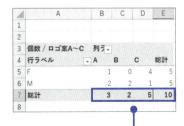

SECTION 04

エクセルにはデータ分析に利用できる機能が盛りだくさん

必読

関数を活用して、さまざまな統計値を求める

データの収集から分析までの考え方や作業の流れが理解できれば、あとは適切なツールを利用して処理を進めていけばよい。そのためには、エクセルのどの機能を使うかを知っておく必要がある。当然のことながら、限られた機能しか使いこなせないと限られた分析しかできない。

一度にすべてを覚えるのは大変だが、少しずつ**新しい機能を身に付けていけば、分析の幅も広がっていく**。

左ページには、データ分析に使える機能のうち、統計によく使われる関数の一覧と、本書での分析例をまとめておいた。

本書ではこれらの関数と29ページでまとめたグラフの機能を使ってデータ分析を進めていく方法を見ていく。繰り返しになるが、**目的に合わない機能を適用しても、意味のない結果しか得られない**ことを常に意識しておこう。

データ分析に利用できる統計関数と本書での分析例

目的	関数名	本書での分析例	該当ページ
データを要約する	FREQUENCY	度数分布表を作る	52ページ
集団の代表値を求める	AVERAGE	平均値を求める	62ページ
	MEDIAN	中央値を求める	66ページ
	MODE.SNGL MODE.MULT	最頻値を求める	68ページ
データのばらつきを知る	STDEV.P	標本標準偏差を求める	74ページ
全体の中での位置を知る	NORM.DIST	正規分布の累積確率を求める	86ページ
	PERCENTILE.INC	パーセンタイル(百分率での順位)を求める	96ページ
	QUARTILE.INC	四分位数を求める	96ページ
2つの変数の関係を知る	CORREL	相関係数を求める	108ページ
将来の値を予測する	SLOPE	回帰直線の係数を求める	120ページ
	INTERCEPT	回帰直線の定数項を求める	122ページ
	FORECAST.LINEAR	回帰分析を行う	124ページ
	LINEST	重回帰分析を行う	128ページ
	FORECAST.ETS.SEASONALITY	時系列分析の季節性を求める	138ページ
	FORECAST.ETS	時系列分析を行う	140ページ

グラフを活用してデータを可視化する

関数を使って統計値を求めるだけでなく、データを適切な形にグラフ化すると、その特徴が見えてくる。また、数値だけではわかりにくい例外的な値についても、視覚的に確認できる。

グラフを利用するときも、分析の目的に合ったグラフの種類を正しく選ぶように注意しよう。例えば、**棒グラフは数量の大小を比較するのに使うが、折れ線グラフは値の推移（移り変わり）を表すのに使う**。また、担当者別の売上金額をグラフ化するときには、横軸（項目軸）に担当者が並んだ棒グラフを使う。縦軸（数値軸）は売上金額となる。これを折れ線グラフにしてもあまり意味がない。折れ線グラフの横軸（項目軸）は日付などの時系列データであることが多い。

なお、値の大小を比較するのではなく、**全体の中に占める割合を比較したいのであれば円グラフを使う**。

関数の場合と同様、**目的に合わない機能を適用しても、意味のない結果しか得られない**。左ページに、よく利用されるグラフの種類を一覧にまとめておいたので、その目的を確認しておくとよいだろう。

データ分析に利用できるグラフの機能

目的	グラフの種類	補足
数や量の大きさを比較する	棒グラフ	分布を見るためのヒストグラムの作成にも使える
	積み上げ棒グラフ	大きさと同時に、値を構成する要素の割合も見られる
分布の全体像を見る	ヒストグラム	値を階級ごとに区切って、頻度（いくつ現れるか）をグラフにしたもの。分布の全体像を知るのに便利（エクセル2016のみ。エクセル2013以前では棒グラフを使って作る）
値の推移を知る	折れ線グラフ	一般に項目軸は時間（日、月、年など）となる
	積み上げ面グラフ	値の推移と同時に、値を構成する要素の割合も見られる
構成比を見る	円グラフ	特定の項目を抜き出してさらに比率を求める補助円付きのグラフも作成できる
	パレート図	ABC分析を行う（エクセル2016のみ。エクセル2013以前では棒グラフと折れ線グラフを組み合わせて作る）
2つの変数の関係を見る	散布図	点を直線や曲線で結ぶこともできる
いくつかの項目を元にプロフィールを作る	レーダーチャート	バランスがわかる。特定の項目の値が突出していたり、少なかったりするのがわかる

アドインを利用すれば、さらに詳細な分析ができる

エクセルには標準で用意されている機能のほかにも、アドインと呼ばれる拡張機能が数多く用意されている。なかでも、**「分析ツール」アドインにはデータ分析に役立つさまざまな機能が含まれている。** また、分析ツールの機能をマクロから利用するための「分析ツール（VBA）」アドインも用意されている。

例えば、「分析ツール」アドインを利用すれば、基本統計量を求めるほか、平均値の差の検定（t検定）、分散の差の検定（F検定）、相関係数の計算、回帰分析、分散分析などができる。

これらのアドインは、標準では有効になっていないが、エクセルにあらかじめ添付されているので、［Excelのオプション］画面で［アドイン］の設定から選択すれば、すぐに利用できるようになる。

また、**オフィスストアからもさまざまなアドインがダウンロードできる。**［挿入］タブを開き、［ストア］をクリックすれば、一覧から選択できる。例えば、E2D3と呼ばれるアドインを利用すれば、値の変化などの動きが見える美しいグラフが作成できる。なお、アドインによっては有料のものもある。

アドインを有効化する方法と オフィスストアからのインストール方法

- アドインを有効にする

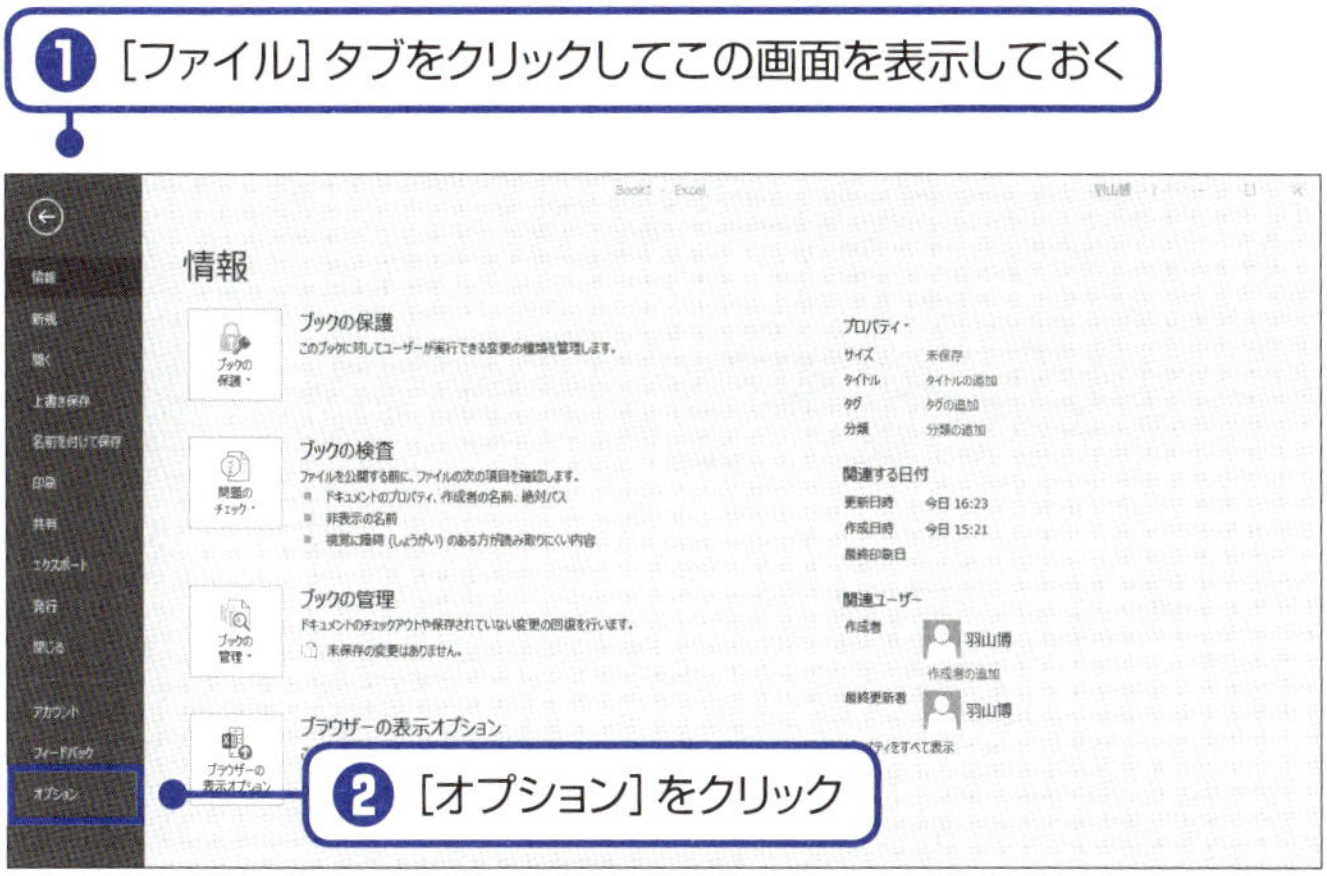

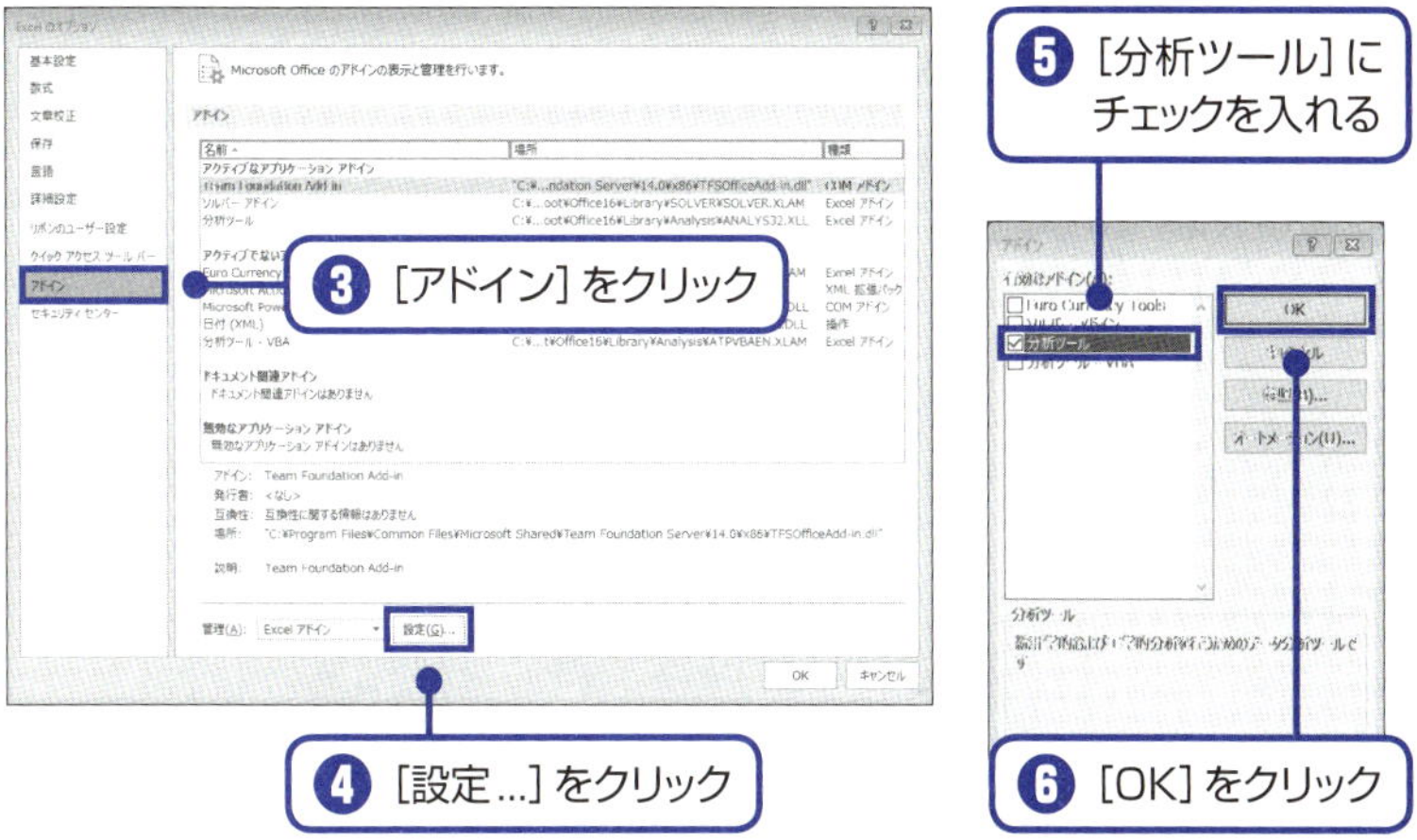

• Officeアドインを追加する※

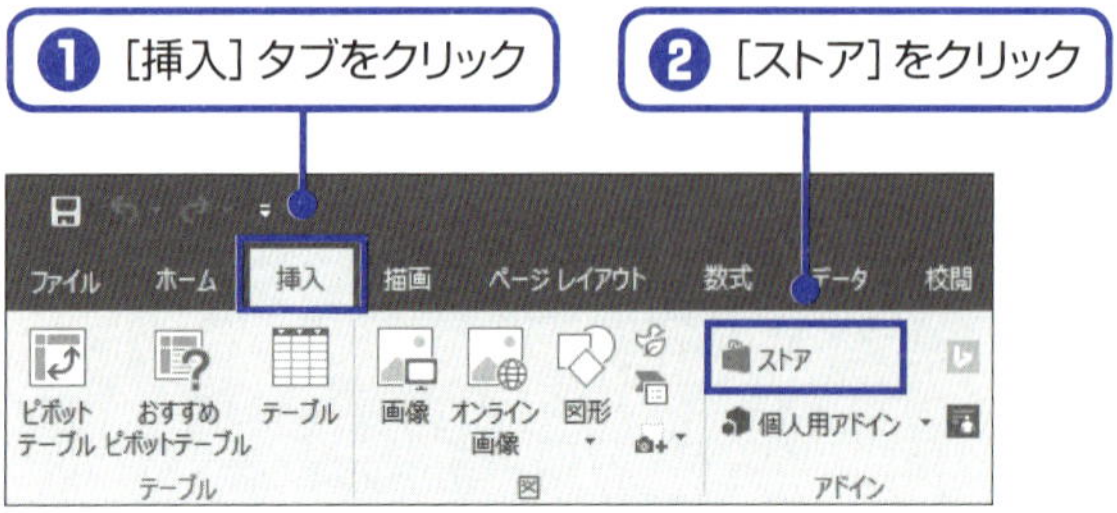

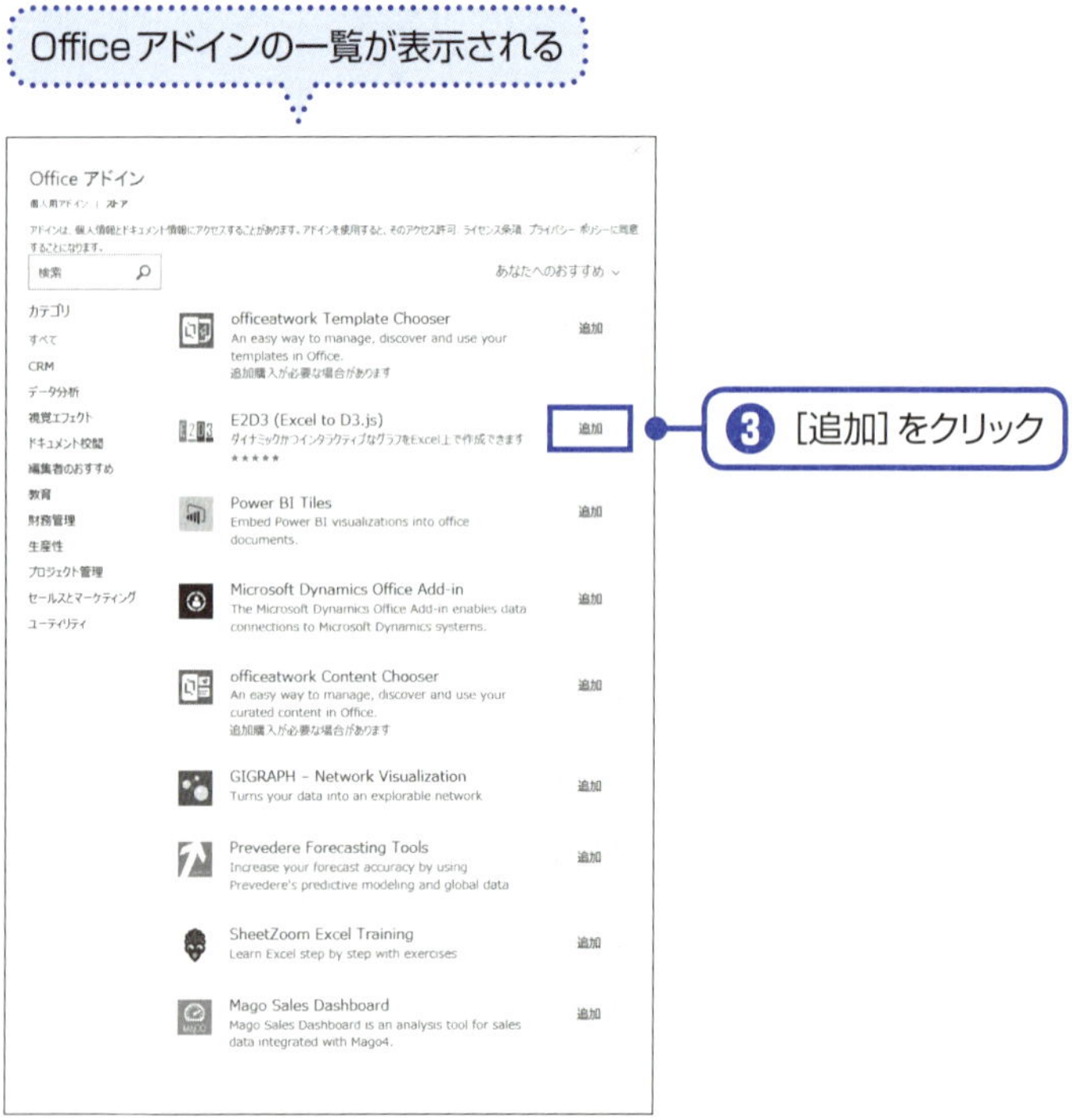

※ ウィンドウズとエクセルのバージョンによっては、この機能は使用できない

2章

集団の全体像や特徴を見きわめ、代表値や全体の中での位置を求める

SECTION 05

営業成績を可視化して分析の手がかりを得よう

必読

データの分布から見えてくることと比較から見えてくること

データの分析は仮説を検証するために行う。科学的な実験や社会調査の場合、仮説にしたがってデータを収集する。また、分析の手法もあらかじめ決まっている。しかし、売上データのような日常的なデータでは、どこから手を付けてよいかわからないことも多い。考えられる仮説も「支店によって売上金額が異なる」といった漠然としたものから出発することになる。第1章でも述べたが、本書での「仮説」とは統計的仮説検定という手法で使われる厳密な意味での仮説ではなく、日常的な意味合いでの「直感」や「予想」を言語化したものといった意味である。

分析のためには、なんらかの手がかりが必要となる。最初の手がかりは「全体の傾向」である。第2章では**ヒストグラムを作って分布の特徴を可視化する**ことから始め、**集団の性質を表す値として平均値や標準偏差を求める**。さらに、集団の中での位置を知ったり、比較を行ったりするための値として偏差値を求め、分析を進める。

可視化と数値化から始める

これがヒストグラム。分布の特徴が可視化できる

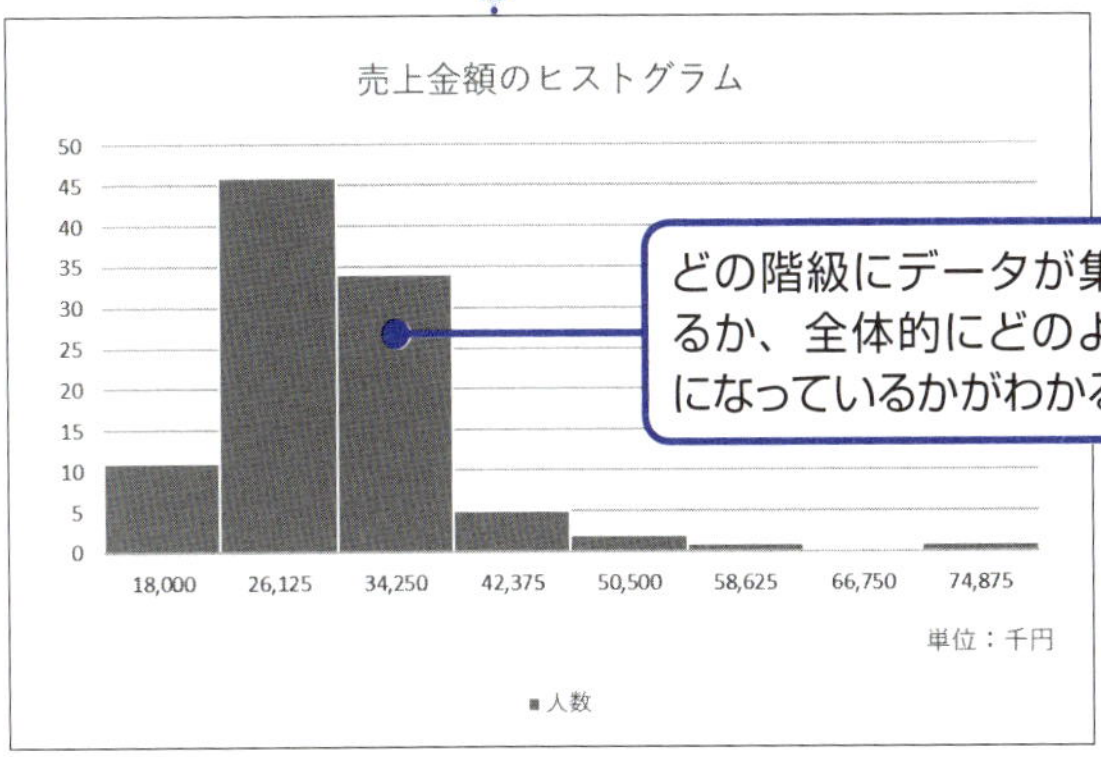

どの階級にデータが集まっているか、全体的にどのような分布になっているかがわかる

平均値と標準偏差の値を求めると、全体の中での位置などがわかる

この範囲のデータが全体に占める割合がわかる

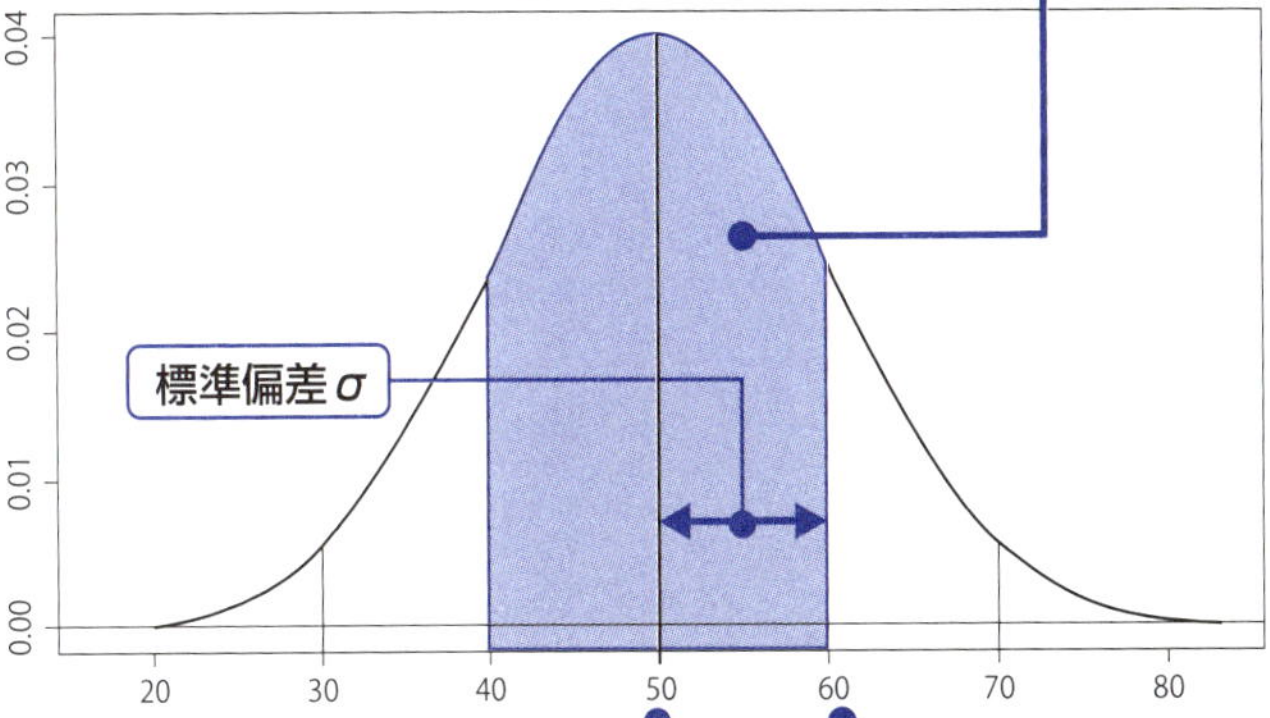

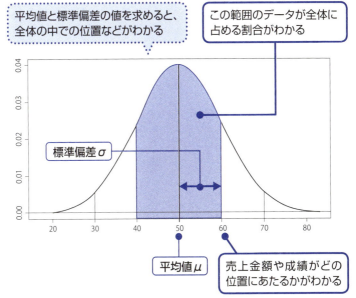

標準偏差 σ

平均値 μ

売上金額や成績がどの位置にあたるかがわかる

2章 集団の全体像や特徴を見きわめ、代表値や全体の中での位置を求める

分析の目的や方法に合わせて、データを準備しておく

ヒストグラムなどの具体的な作成方法は42ページ以降で詳しく見ていくが、その前に、必要な準備と作業の流れを確認しておく。

データを分析するのは、当然のことながらなんらかの目的があってのことである。生のデータがそのまま分析に使える場合もあるが、**目的に合わせてデータを集計しておくと分析しやすくなる**。

例えば、担当者ごとに営業成績を分析するのであれば、担当者ごとに売上金額を集計しておくとよい。一方、商品ごとに売上金額を分析したいのであれば、商品ごとに売上金額を集計しておく。

集計する項目も目的によって異なる。例えば、在庫を管理するためには、売上金額ではなく出荷数に注目して分析したほうがよさそうである。そのような場合には、商品ごとに出荷数を集計しておくとよい。

第2章では、主に、担当者ごとに営業成績を分析する。そこで、担当者ごとに売上金額を集計しておこう。生のデータをどのように集計するか、集計されたデータがどのような項目から成り立っているかをしっかりと確認しておこう。

分析の前処理としてデータを集計しておく

1行につき1件のデータが入力されている。これが生データ

同じ担当者、同じ顧客、同じ商品が複数あるので、担当者ごと、顧客ごと、商品ごとといった集計ができる

	A	B	C	D	E	F	G	H	I	J	K	L
1	売上データ											
2	伝票No.	日付	担当ID	担当者名	顧客番号	顧客名	商品コード	商品名	単価	数量	金額	
3	1	2017/7/14	121484	田原　俊子	010120	近藤商店	101102	自然のさわやかレモネード(1ダース)	960	2	19,200	
4	1	2017/7/14	121484	田原　俊子	010120	近藤商店	101204	井の頭の天然水(24本パック)	880	5	44,000	
5	1	2017/7/14	121484	田原　俊子	010120	近藤商店	202100	比叡山の冷えシート(10枚)	3000	1	30,000	
6	2	2017/7/14	1214835	大橋　克彦	010121	山田商会	101216	シンプル炭酸水(24本)	1800	10	18,000	
7	2	2017/7/14	1214835	大橋　克彦	010121	山田商会	101218	エナジーチャージ葡萄水(1ダース)	1240	10	12,400	
8	2	2017/7/14	1214835	大橋　克彦	010121	山田商会	101220	エナジーチャージ林檎水(1ダース)	1240	10	12,400	
9	2	2017/7/14	1214835	大橋　克彦	010121	山田商会	121240	エナジーチャージ苺水(1ダース)	1240	10	12,400	

	A	B	C	D	E	F
1	売上データ					
2	担当者コード	氏名	支店コード	支店名	売上金額	
3	1214765	伊藤　翼	001	札幌支店	30,230,300	
4	1214766	井上　亮哉	001	札幌支店	30,274,120	
5	1214767	岡崎　舜介	001	札幌支店	29,946,140	
6	1214768	岡崎　勇太	001	札幌支店	30,344,160	
7	1214769	岡本　航己	001	札幌支店	30,364,100	
8	1214770	加藤　隼人	001	札幌支店	29,944,150	
9	1214771	岩崎　聖礼奈	001	札幌支店	30,282,640	

担当者ごとに集計する。集計機能やピボットテーブルを使うとかんたん

集計データを元に度数分布表やヒストグラムを作って全体の傾向を見る

度数分布表

より大	以下	人数
18,000,000	26,125,000	11
26,125,000	34,250,000	46
34,250,000	42,375,000	34
42,375,000	50,500,000	5
50,500,000	58,625,000	2
58,625,000	66,750,000	1
66,750,000	74,875,000	0
74,875,000	83,000,000	1

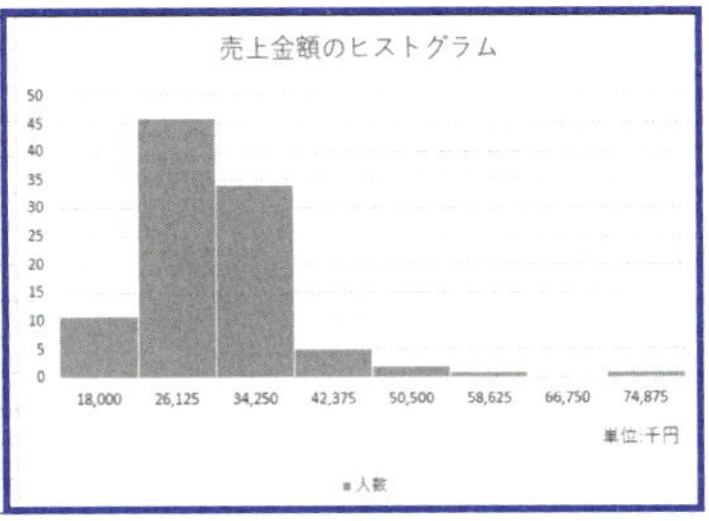

度数分布表

ヒストグラム

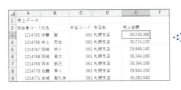

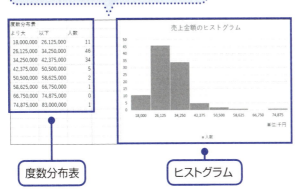

SECTION 06

度数分布表やヒストグラムを作って営業成績を可視化しよう

必読

度数分布表とヒストグラムは分析の第一歩

分析のための手がかりを得るために、まず、全体の傾向を把握しよう。全体の傾向が把握できれば、背後に潜む特徴も浮かび上がってくるはずだ。

そのためには、度数分布表を作成し、ヒストグラムでそれを可視化するとよい。

度数分布表とは、一定の区間にあるデータの個数を数えたものである。その**区間のことを「階級」と呼び、データの個数のことを「度数」と呼ぶ。**

左ページの表は担当者別売上金額を元に作成した度数分布表である。この表を見ると、売上金額が１８００万円より大きく、２６１２万５０００円以下の担当者の人数が11人であることがわかる。また、人数が最も多い階級は、売上金額が２６１２万５０００円より大きく、３４２５万円以下であり、人数は46人であることがわかる。

ヒストグラムは度数分布表をグラフ化したものである。ヒストグラムで値を可視化すると、全体の傾向が把握しやすくなる。

度数分布表やヒストグラムってどんなもの

- 担当者別売上金額の度数分布表

より大	以下	人数
18,000,000	26,125,000	11
26,125,000	34,250,000	46
34,250,000	42,375,000	34
42,375,000	50,500,000	5
50,500,000	58,625,000	2
58,625,000	66,750,000	1
66,750,000	74,875,000	0
74,875,000	83,000,000	1

これが度数分布表。
一定の区間にあるデータの個数を集計したもの

区間のことを「階級」、データの個数のことを「度数」と呼ぶ

これがヒストグラム。
度数分布表をグラフ化したもの

どの階級にデータが集まっているか、全体的にどのような分布になっているかがわかる

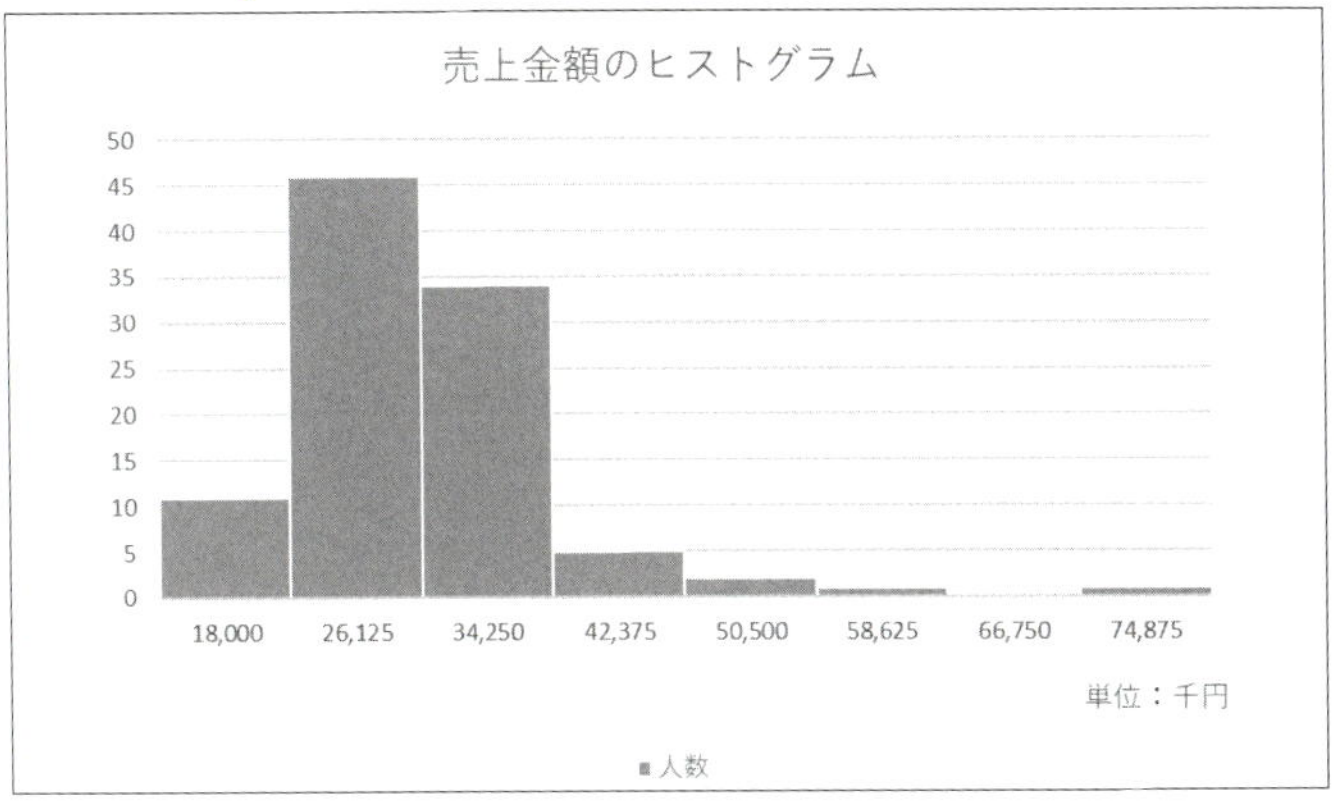

ヒストグラムの形を見れば全体の分布がつかめる

ヒストグラムは、度数分布表をグラフにしたものである。**ヒストグラムは一般的な棒グラフと似ているが、横軸が「階級」、縦軸が「度数」となっている**ことに注意。一方、担当者別売上一覧のような一般的な棒グラフでは、横軸が担当者のような「項目」、縦軸が売上などの「数値」となっている。

ヒストグラムの棒が高いところは、その階級にデータが多く集まっているということである。逆に、棒が低いところは、その階級のデータが少ないということである。**ヒストグラムの形を見れば、全体の分布が視覚的に把握できる。** 平均値の近くにデータが集まっている場合もあれば、山が複数ある場合もある。

山が複数あるということは、データの分布に複数の要因が影響していたり、原因が単純ではなかったりすることが示唆される。もちろん、平均値の近くに山がある場合でも、複数の要因が影響しており、結果として1つの山に見えることもある。

ヒストグラムを見るときには、山の部分だけでなく、裾野の部分にも注意を払おう。中心から離れた端の位置に小さな山がある場合には、なんらかのイレギュラーな原因があると考えられる。それが改善や変革の手がかりになることもある。

ヒストグラムは山だけでなく裾野にも注目する

- ヒストグラム

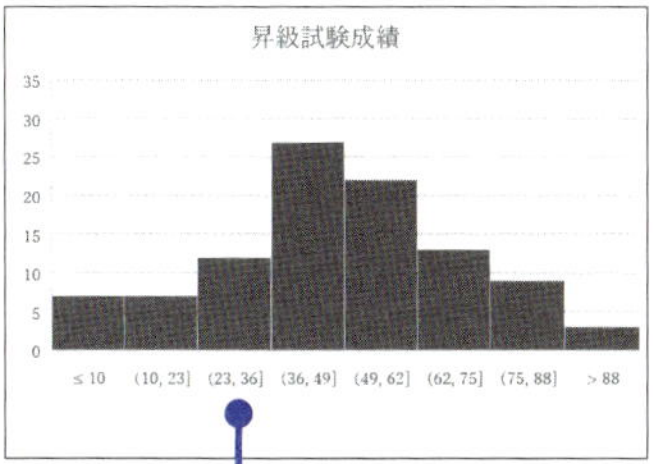

横軸は階級。縦軸は度数。
この棒なら23点より大きく36点以下の人数が12人という意味

- 棒グラフ

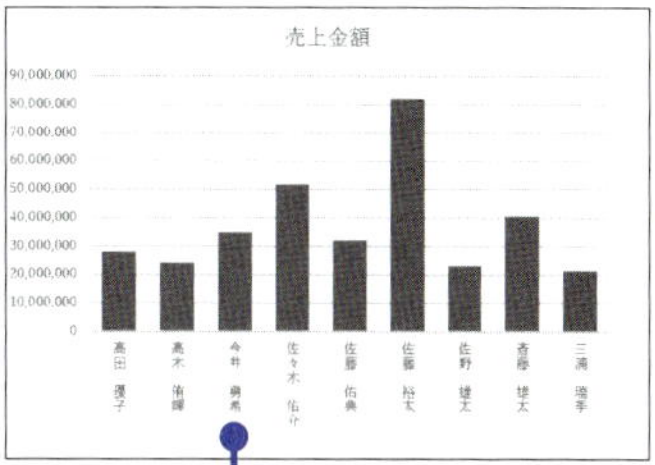

横軸は項目。縦軸は数値。
この棒なら今井さんの売上金額が34,982,300円という意味

- 形のいびつなヒストグラムには隠された原因があるかもしれない

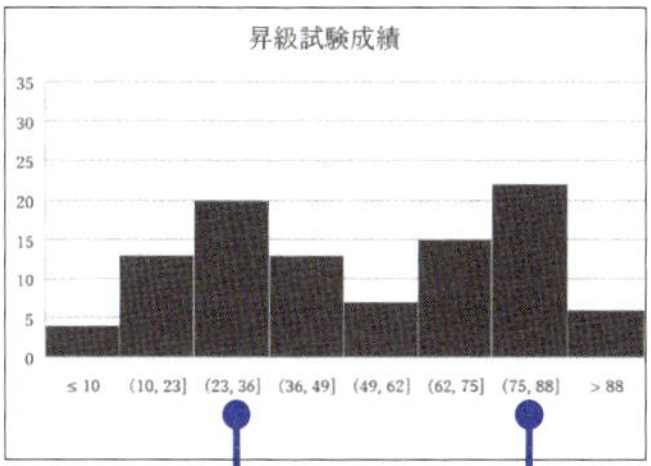

山が2つあるヒストグラム。
この例なら成績が下位のグループと上位のグループにわかれる

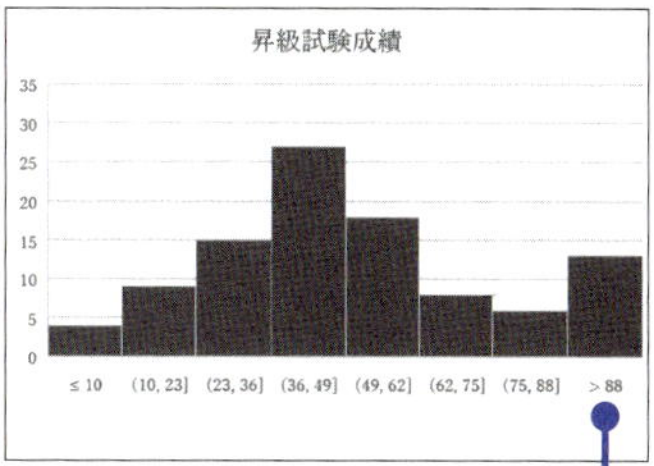

裾野の部分に小さな山がある。
特に成績が優秀なグループがある（単にまとめすぎたとも考えられる）

SECTION 07

度数分布表は基本的な関数と数式だけで作成できる

必読

ヒストグラムを作るためには、あらかじめ度数分布表を作っておく必要がある。そこで、まずは度数分布表作成の流れを確認しておこう。次の手順にそって進めると、確実に度数分布表が作成できる。

度数分布表を作るには範囲・階級・境界値を求める

- 範囲を求める：範囲は「最大値－最小値」で求められる
- 階級数を決める：範囲を何等分するかを決める。**一般には5～20程度とする**が、スタージェスの公式（46ページ）から求めた値を目安にするとよい
- 階級の幅を求める：範囲を階級数で割ると階級の幅が求められる。結果が小数になる場合は整数になるように丸めるとよい
- 境界値を決める：最初の境界値に階級の幅を足した値が次の境界値になる。最大値が収まるまで順に境界値を求めていく

階級に含まれるデータの数を数えて表を埋めていけば、度数分布表が作成できる。

範囲・階級・境界値の意味を理解する

元のデータの最小値と最大値から範囲を求める
その範囲を階級数で割れば、階級の幅が求められる
（具体的な計算方法は44～49ページ）

	A	B	C	D	E	F
1	売上データ					
2	担当者コード	氏名	支店コード	支店名	売上金額	
3	1214765	伊藤　翼	001	札幌支店	30,230,300	
4	1214766	井上　亮哉	001	札幌支店	30,274,120	
5	1214767	岡崎　舜介	001	札幌支店	29,946,140	
6	1214768	岡崎　勇太	001	札幌支店	30,344,160	
7	1214769	岡本　航己	001	札幌支店	30,364,100	
8	1214770	加藤　隼人	001	札幌支店	29,944,150	
9	1214771	岩崎　聖礼奈	001	札幌支店	30,282,640	

最初の境界値

ヒストグラム

度数分布表

より大	以下	人数
18,000,000	26,125,000	11
26,125,000	34,250,000	46
34,250,000	42,375,000	34
42,375,000	50,500,000	5
50,500,000	58,625,000	2
58,625,000	66,750,000	1
66,750,000	74,875,000	0
74,875,000	83,000,000	1

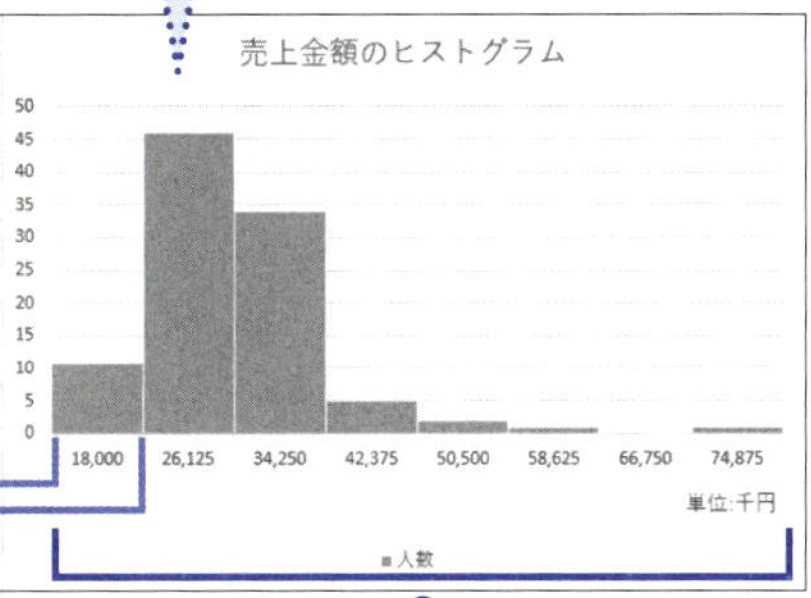

度数分布表

次の境界値

この例では階級数は8

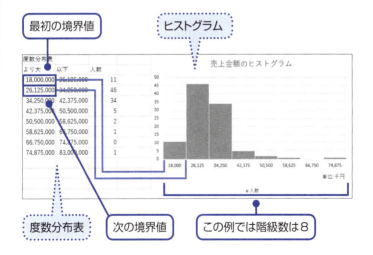

最大値から最小値を引けば度数分布表の範囲が求められる

では、42ページの手順にしたがって、実際に度数分布表を作成してみよう。

最初は、**範囲を求める。範囲を求めるにはMAX関数を使って求めた最大値から、MIN関数を使って求めた最小値を引く**だけなのでかんたんだ。左ページの例では、売上金額がセルE3～E102に入力されているので、「=MAX(E3:E102)」で最大値を、「=MIN(E3:E102)」で最小値を求める。

ただし、数値が細かくなりすぎると見づらいので、ここでは、最小値を百万の位が求められるように切り下げ、最大値は百万の位が求められるように切り上げよう。つまり、キリのよい値にするため、少しだけ範囲を広げるというわけである。**数値の切り下げにはROUNDDOWN関数を使い、切り上げにはROUNDUP関数を使う**。これらの関数では、小数点以下第何位まで求めるかを指定する。例えば、小数点第一位まで求めるには1を、小数点第二位までなら2を指定する。逆に1の位まで求めるには0を、10の位までなら-1を指定すればよい。したがって、百万の位が求められるようにするには、-6を指定する。

最大値と最小値が求められたら、「最大値－最小値」で範囲を求めておこう。

最大値と最小値から度数分布表の範囲を求める

- 担当者別売上一覧

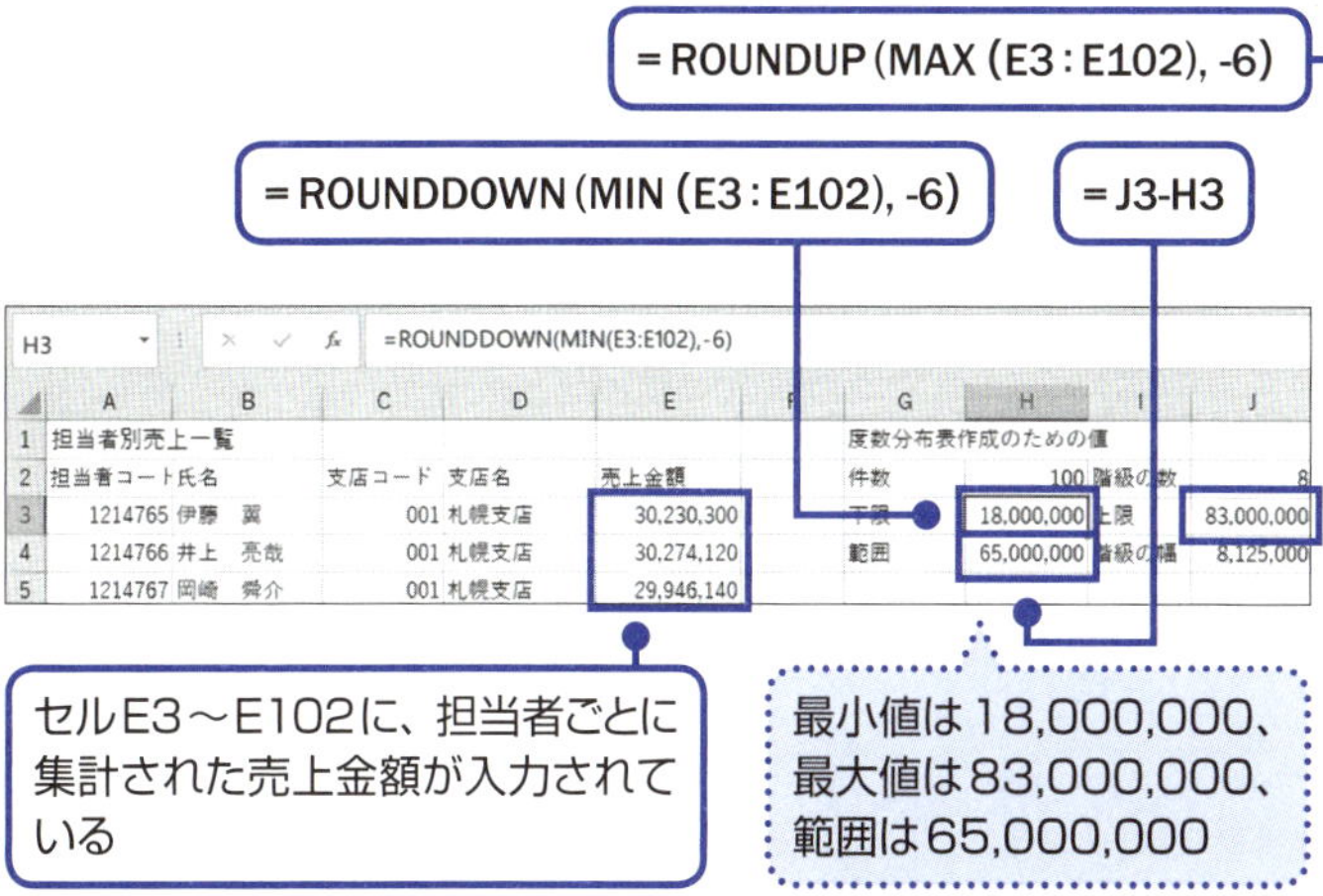

- 最小値を求めて、百万の位が求められるように切り下げる

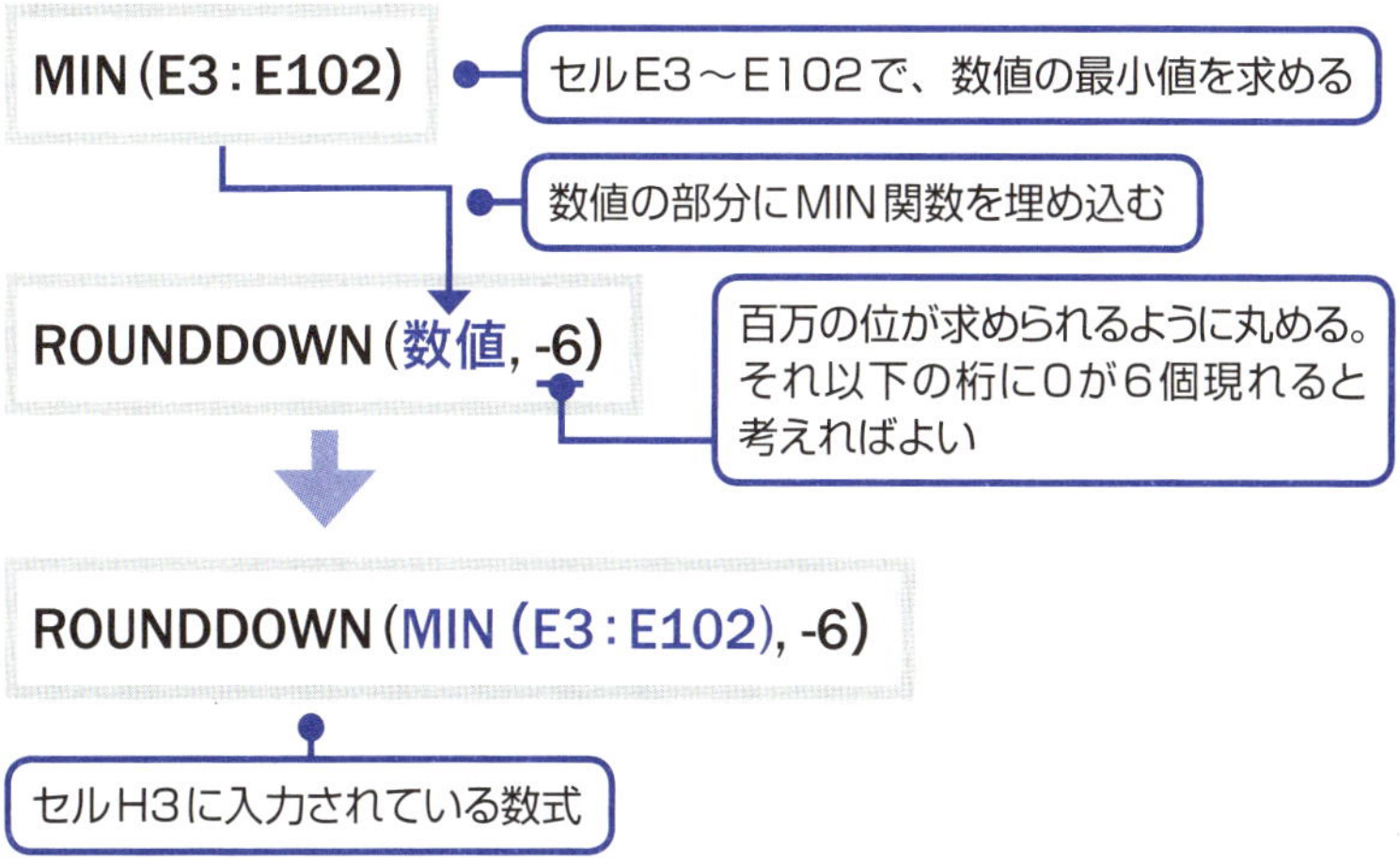

階級数の目安はスタージェスの公式で求められる

次は階級数を決める。階級は一般に5~20程度に分けるが、**スタージェスの公式と呼ばれる式を使って求めた値が階級数の目安になる。**

・スタージェス（Sturges）の公式

$$1+\frac{\log_{10}\text{データ数}}{\log_{10}2}$$

「$\log_{10}$」は底が10の対数を表すが、**対数について詳しいことを知らなくてもLOG10関数を使えば結果が求められる。**ちなみに、「$\log_{10}2$」とは、10をn乗したときに2になるようなnの値（実際に計算してみると0.30103）を意味する。

スタージェスの公式によって求められた値は小数点以下を切り上げて整数にしておくとよい。切り上げには、44ページで紹介したROUNDUP関数を使う。

なお、**階級数によっては、ヒストグラムの形から得られる印象が異なってくる**こともある。したがって、度数分布表やヒストグラムは詳細な分析というよりも、大まかな傾向を把握するのに使うのがよい。

スタージェスの公式を使って階級数の目安を求める

❶「=ROUNDUP(1+LOG10(A3)/LOG10(2),0)」と入力

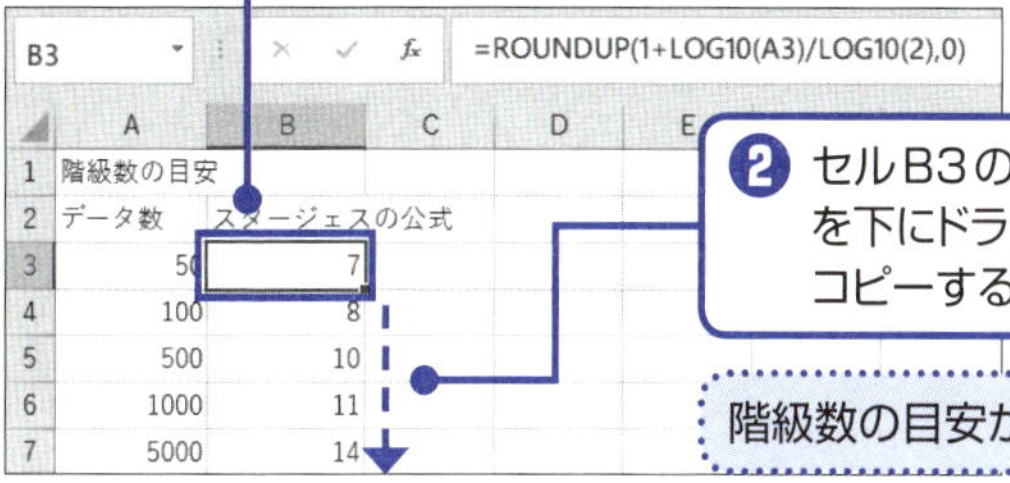

❷ セルB3のフィルハンドルを下にドラッグして数式をコピーする

階級数の目安が求められた

フィルハンドル

階級数が異なると印象が異なることもある

- 階級数が8のヒストグラム

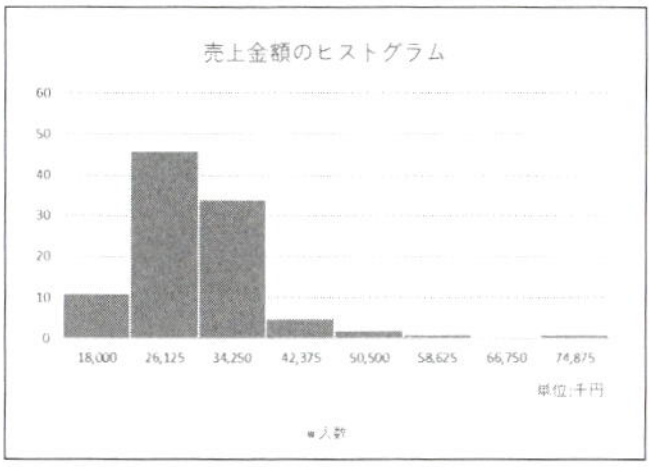

- 階級数が10のヒストグラム

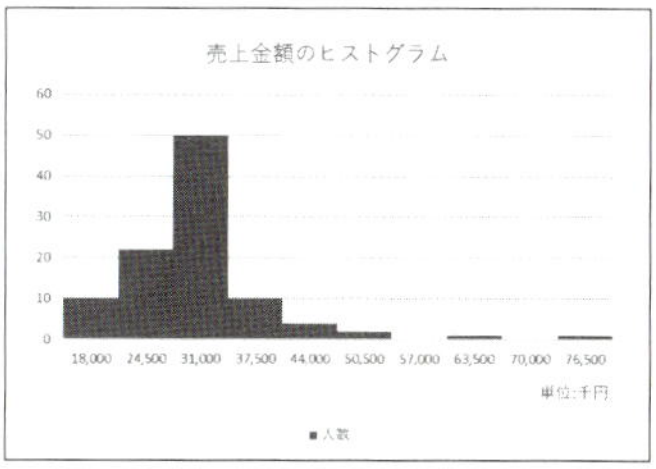

平均値の近くに山があることと、極端に大きな値があるという印象は変わらないが、階級数を10にすると、ピークがより明確に見える。ヒストグラムの作り方は54ページで説明する

階級の幅を求めて、境界値を順に決めていく

境界値とは階級の境目の値である。境界値を求めるには、まず階級の幅を求める。**階級の幅は範囲の大きさを階級数で割ればかんたんに求められる**。ここまでで、範囲の大きさとして6500万、47ページで階級数として8が求められた。階級の幅は、

65,000,000 ÷ 8 = 8,125,000

となる。下限値つまり**最初の境界値に、階級の幅を足して次の境界値を求める**。左ページの例を見てみよう。手順は長いが、難しいことはなにもやっていない。1ステップずつ確実に確認していこう。

①の「=H4/J2」では、範囲を階級数で割り、階級の幅を求めている

②では範囲の下限値をそのままセルに入れる。これが最初の境界値となる

③の「=G8+$J$4」では、最初の境界値に階級の幅を足す。これで、最初の階級が作られた。ここでは、数式をコピーしても「J4」の部分が変わらないようにするために、セルJ4の列番号と行番号の前に$を付けて絶対参照としている

④には前の階級の「以下」にあたる値（つまり③の値）をそのまま入れ、次の階級としている。あとは数式を下方向にコピーするだけですべての階級が作られる

境界値を求めて度数分布表の階級を設定する

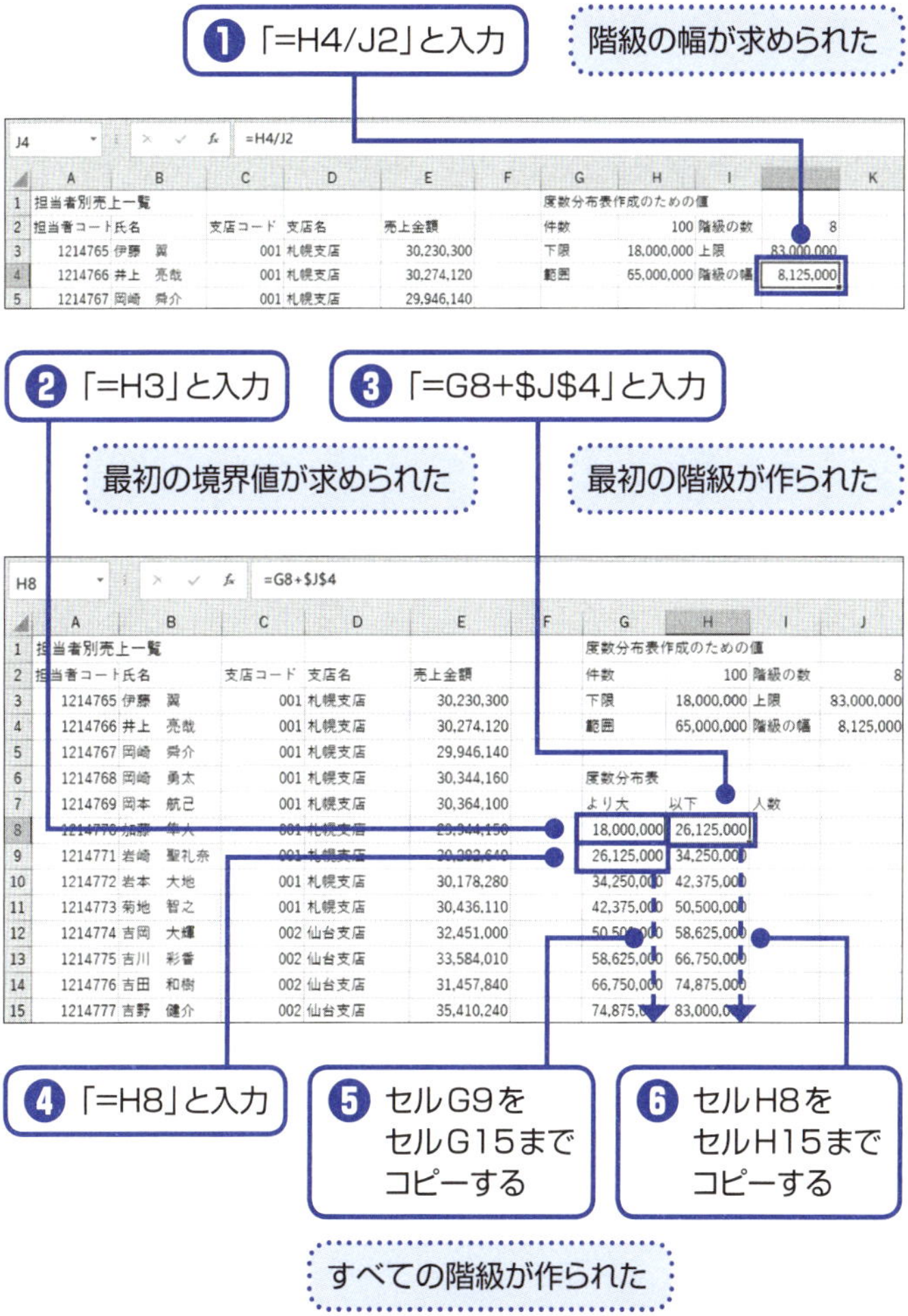

データの数を求めると、度数分布表が完成！

　階級ができたので、あとはその階級に含まれる値がいくつあるかを集計すれば、度数分布表の完成となる。度数分布表を作るには、COUNTIFS関数を使う方法、FREQUENCY関数を使う方法がある。また、分析ツールアドインでヒストグラムを作れば、度数分布表も作成できる。ここでは、関数を使った方法を紹介しよう。

COUNTIFS関数には検索範囲と条件のペアを複数個指定する。指定した条件のすべてを満たすデータの個数が求められるので、「境界値より大きい」という条件と「次の境界値以下」という条件を指定すればよい。例えば、セルI8に、

= COUNTIFS ($E$3:$E$102,">"&G8,$E$3:$E$102,"<="&H8)

と入力して、セルI15までコピーすれば度数がすべて集計できる。検索範囲はセルE3～E102と決まっているので、数式をコピーしても変化しないように、セルの行番号と列番号の前に$を付けて絶対参照にしておく。

　条件に含まれる**「&」は文字列を連結するための演算子である。**したがって、最初の条件の「">"&G8」は「">"」という文字列とセルG8の「18,000,000」を連結するという意味になる。つまり、「">18,000,000"」が指定されたことになる。

COUNTIFS関数を使って度数を集計する

❶「=COUNTIFS($E$3:$E$102, ">"&G8, $E$3:$E$102,"<="&H8)」と入力

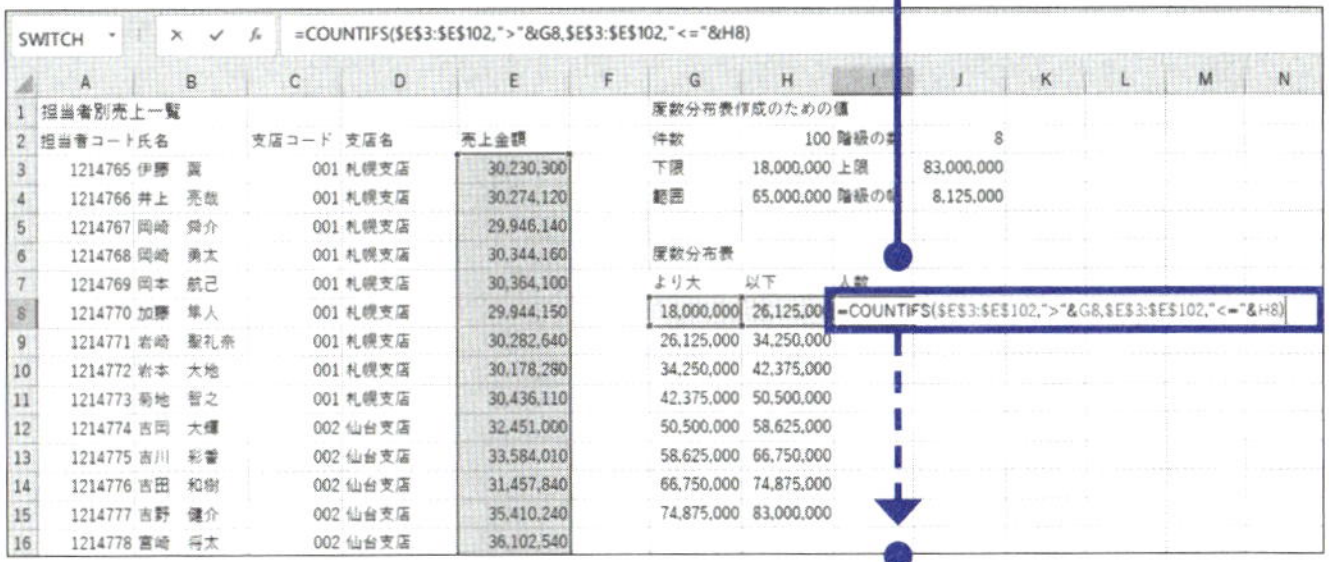

SWITCH　=COUNTIFS($E$3:$E$102,">"&G8,$E$3:$E$102,"<="&H8)

	A	B	C	D	E	F	G	H	I	J
1	担当者別売上一覧						度数分布表作成のための値			
2	担当者コード	氏名	支店コード	支店名	売上金額		件数	100	階級の数	8
3	1214765	伊藤　翼	001	札幌支店	30,230,300		下限	18,000,000	上限	83,000,000
4	1214766	井上　亮哉	001	札幌支店	30,274,120		範囲	65,000,000	階級の幅	8,125,000
5	1214767	岡崎　舜介	001	札幌支店	29,946,140					
6	1214768	岡崎　勇太	001	札幌支店	30,344,160		度数分布表			
7	1214769	岡本　航己	001	札幌支店	30,364,100		より大	以下	人数	
8	1214770	加藤　隼人	001	札幌支店	29,944,150		18,000,000	26,125,000	=COUNTIFS($E$3:$E$102,">"&G8,$E$3:$E$102,"<="&H8)	
9	1214771	岩崎　聖礼奈	001	札幌支店	30,282,640		26,125,000	34,250,000		
10	1214772	岩本　大地	001	札幌支店	30,178,280		34,250,000	42,375,000		
11	1214773	菊地　智之	001	札幌支店	30,436,110		42,375,000	50,500,000		
12	1214774	吉岡　大輝	002	仙台支店	32,451,000		50,500,000	58,625,000		
13	1214775	吉川　彩音	002	仙台支店	33,584,010		58,625,000	66,750,000		
14	1214776	吉田　和樹	002	仙台支店	31,457,840		66,750,000	74,875,000		
15	1214777	吉野　健介	002	仙台支店	35,410,240		74,875,000	83,000,000		
16	1214778	宮崎　将太	002	仙台支店	36,102,540					

❷ セルI8をセルI15までコピーする

度数分布表

より大	以下	人数
18,000,000	26,125,000	11
26,125,000	34,250,000	46
34,250,000	42,375,000	34
42,375,000	50,500,000	5
50,500,000	58,625,000	2
58,625,000	66,750,000	1
66,750,000	74,875,000	0
74,875,000	83,000,000	1

度数分布表が作成できた

- 複数の条件に一致するデータの個数を求める（COUNTIFS関数）

```
=COUNTIFS($E$3:$E$102, ">"&G8, $E$3:$E$102, "<="&H8)
```

検索範囲1：$E$3:$E$102　条件1：">"&G8　検索範囲2：$E$3:$E$102　条件2："<="&H8

セルG8には18,000,000が入っているので、この条件は">18,000,000"となる

セルH8には26,125,000が入っているので、この条件は"<=26,125,000"となる

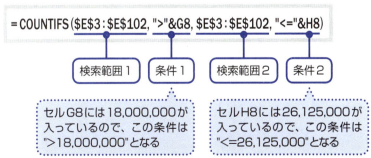

FREQUENCY関数を使えば、一瞬で度数の集計ができる

度数分布表を作成するためにはFREQUENCY関数も利用できる。こちらは、データ範囲と境界値の範囲を指定し、配列数式として入力する。

配列数式は1つの関数で複数の計算を一度に行ったり、複数の結果を得たりするのに使われる。 配列数式を利用する場合の注意点は次の2つ。

- **入力する前に結果を表示したいセル範囲を選択しておく**
- **入力が完了したら Enter キーではなく Ctrl ＋ Shift ＋ Enter キーを押す**

左ページの例では、結果を求めたいセル範囲はセルI8～I15なので、最初にその範囲を選択しておく。**FREQUENCY関数の引数にはデータの範囲と度数分布表の階級を指定する。**

階級には境界値の「～以下」の値が入力された範囲を指定するのだが、最後の階級は指定しないことに注意。したがって、データの範囲として「E3：E102」を指定し、階級の範囲として「H8：H14」を指定すればよい。つまり、

＝FREQUENCY(E3:E102, H8:H14)

と入力して、Ctrl ＋ Shift ＋ Enter キーを押せばよい。

FREQUENCY関数を使って度数を集計する

❶ あらかじめセルI8～I15までを選択しておく

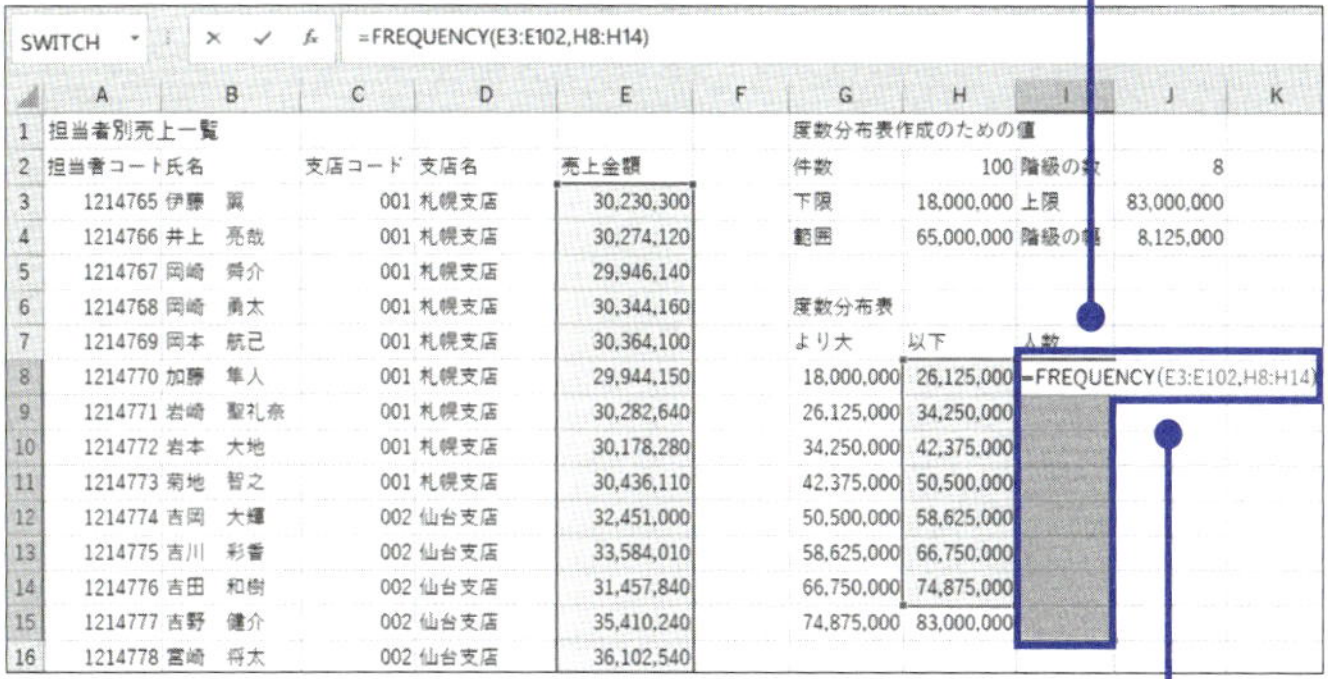

❷「=FREQUENCY(E3:E102,H8:H14)」と入力し、入力が完了したら Ctrl + Shift + Enter キーを押す

度数分布表		
より大	以下	人数
18,000,000	26,125,000	11
26,125,000	34,250,000	46
34,250,000	42,375,000	34
42,375,000	50,500,000	5
50,500,000	58,625,000	2
58,625,000	66,750,000	1
66,750,000	74,875,000	0
74,875,000	83,000,000	1

度数分布表が作成できた

- 度数分布表を作成する（FREQUENCY関数）

=FREQUENCY(E3:E102, H8:H14)

E3:E102 → データの範囲
H8:H14 → 階級の範囲

～以下という値が入力された範囲を指定する。最後の階級は指定しない

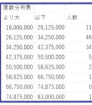

SECTION 08

ヒストグラムを作成して売上金額の分布をつかもう

必読

エクセル2016ではヒストグラムがかんたんに描ける！

実は、**エクセル2016では度数分布表を作らなくても、元のデータから直接ヒストグラムが作成できる**。とはいえ、集計結果を数値として示す必要があることも多いので、度数分布表も作成しておいたほうがよいだろう。

ヒストグラムを作成するには、まず、元のデータの範囲を選択しておく。実際にはデータをすべて選択しなくても、データが入力されているいずれかのセルをクリックしておけば、たいていの場合は正しく範囲が選択される。しかし、ここでは、売上金額が入力されている部分を、見出しも含めて選択しておこう。なお、**大きな表の最後の行まで選択するには、Ctrl ＋ Shift ＋ ↓ キーが便利である**。

データの範囲が指定できたら、［挿入］タブを開き、［統計グラフの挿入］－［ヒストグラム］を選択するだけでヒストグラムが作成される。ただし、階級数や階級の幅は自動的に決められるので、あとで変更する必要がある（56ページ参照）。

データの範囲とグラフの種類を選択するだけ

セルE2～E102を選択しておく。セルE2をクリックして Ctrl ＋ Shift ＋ ↓ キーを押すとすばやく選択できる

❶ ［挿入］タブを開き、［統計グラフの挿入］をクリック

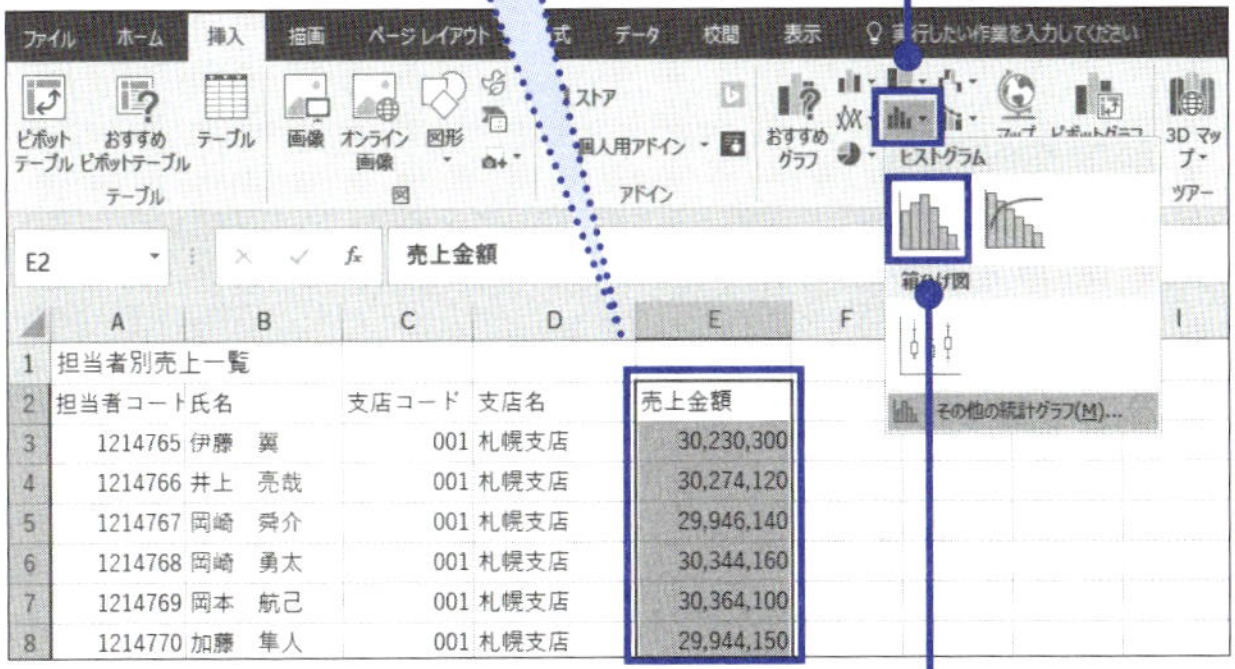

❷ ［ヒストグラム］をクリック

ヒストグラムが作成された

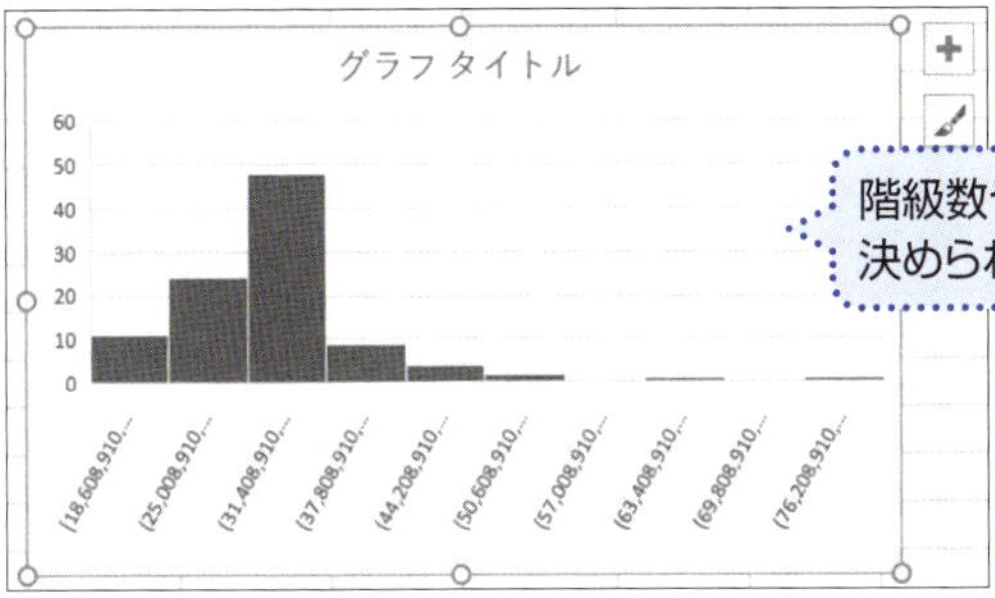

階級数や幅は自動的に決められている

※サンプルファイルにはエクセル2013以前では、表示できないグラフが含まれている

エクセル2016では階級数や幅も自由に変えられる！

54ページでは、データの範囲とグラフの種類を選んでヒストグラムを自動的に作成した。階級数や幅なども自動的に決められているので、思ったようなグラフになっていないかもしれない。

エクセル2016のヒストグラムでは、階級数や幅などを自由に変更できる。左ページの例では、階級数を8としている。［軸の書式設定］画面の［ビン］というのが階級を表す。また、［ビンのオーバーフロー］と［ビンのアンダーフロー］を入力し、ヒストグラムの両端を指定する。これで階級数と幅を変えることができる（幅が812万5千となる）。

さらに、数値が大きいので、**表示形式として「#,###」を指定し、千円単位で表示されるようにしている**ことにも注目しよう。表示形式の「,」のあとになにも書かなければ、下3桁が表示されないので、千円単位などの概数で表示するときに便利である。

あとは、細かい書式を設定してグラフを仕上げるとよい。なお、本書の執筆時点では、ヒストグラムの横軸の軸ラベルは中央に固定されており、自由に移動できないので、右下の「単位：千円」はテキストボックスを使って代用している。

階級の幅や階級数も自由に変更できる

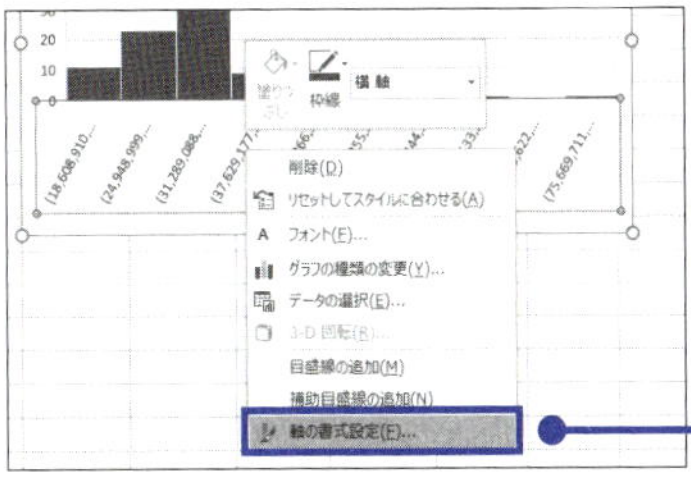

❶ 横軸を右クリックして、[軸の書式設定] を選択

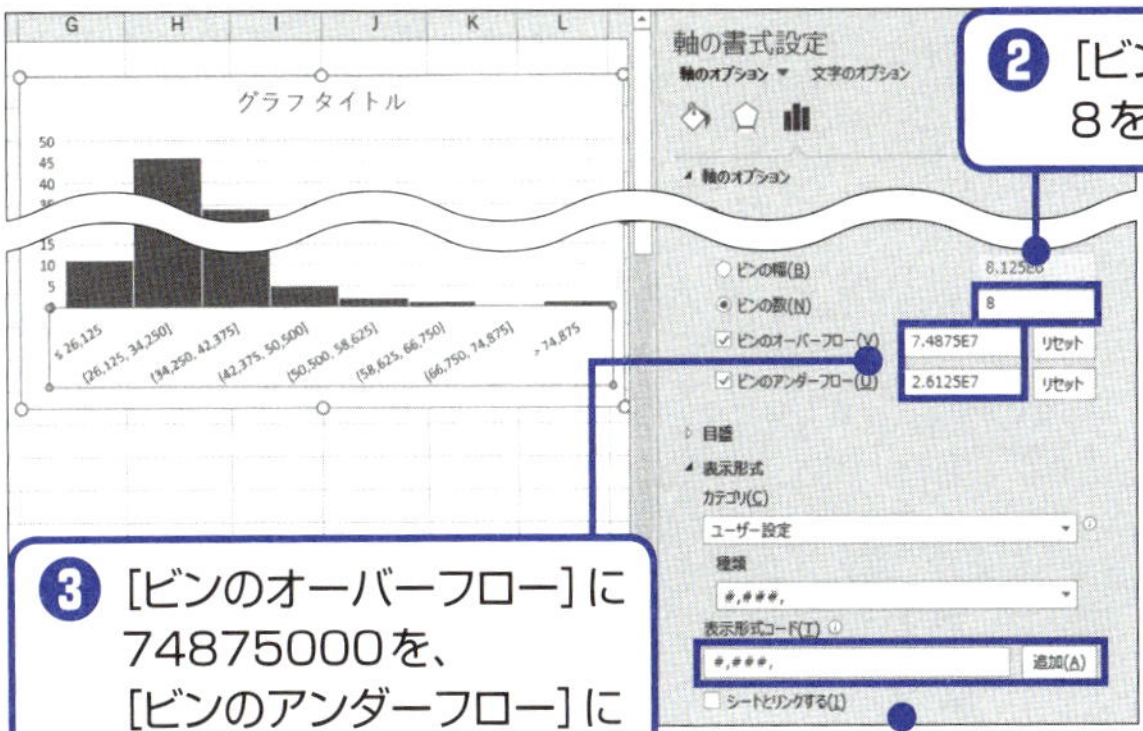

❷ [ビンの数] に8を入力

❸ [ビンのオーバーフロー] に74875000を、[ビンのアンダーフロー] に26125000を入力

❹ [表示形式コード] に「#,###,」を入力して [追加] をクリック

細かな書式を設定して体裁を整える

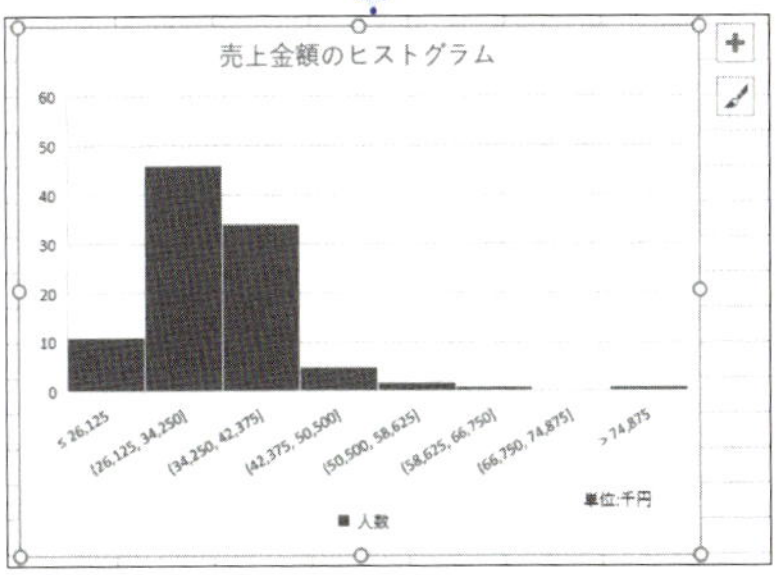

- グラフのタイトルに「売上金額のヒストグラム」と入力
- 凡例を下に追加
- [データの選択] ボタンをクリックし、[凡例項目] の [編集] ボタンをクリックして、系列名を「人数」に変更
- テキストボックスを追加し、「単位:千円」と入力

※サンプルファイルにはエクセル2013以前では、表示できないグラフが含まれている

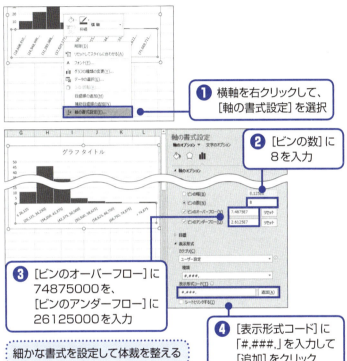

エクセル2013以前では棒グラフを使ってヒストグラムを作成する

エクセル2013以前では棒グラフを使ってヒストグラムを作成する。といっても、**単に棒グラフを作成して、要素の間隔を0にするだけでヒストグラムが作成できる。**なお、「分析ツール」アドインにはヒストグラムの作成機能が含まれるので、その機能を使ってもよい（本書では棒グラフを使う方法を紹介する）。

では、棒グラフを使ってヒストグラムを作成してみよう。この場合、度数分布表の値を元にグラフを作成するので、エクセル2016の場合と異なり、**必ず度数分布表を作成しておく必要がある。**まずはグラフ化する範囲の指定である。単純に度数分布表をグラフ化すると階級の値もグラフ化されるので、あらかじめ人数の部分を選択しておいたほうがかんたんである。

続いて、グラフを挿入する。［挿入］タブから［縦棒／横棒グラフの挿入］－［集合縦棒］を選択すれば、通常の棒グラフが作成される。

この段階では、要素の間隔が空いている。そこで、系列（グラフの棒）を右クリックして［データ系列の書式設定］を選択し、要素の間隔を0にする。これでヒストグラムの形になる。

棒グラフを使ってヒストグラムを作成する

セル I7～I15を選択しておく

❶ [挿入] タブを開き、[縦棒 / 横棒グラフの挿入] をクリック

❷ [集合縦棒] をクリック

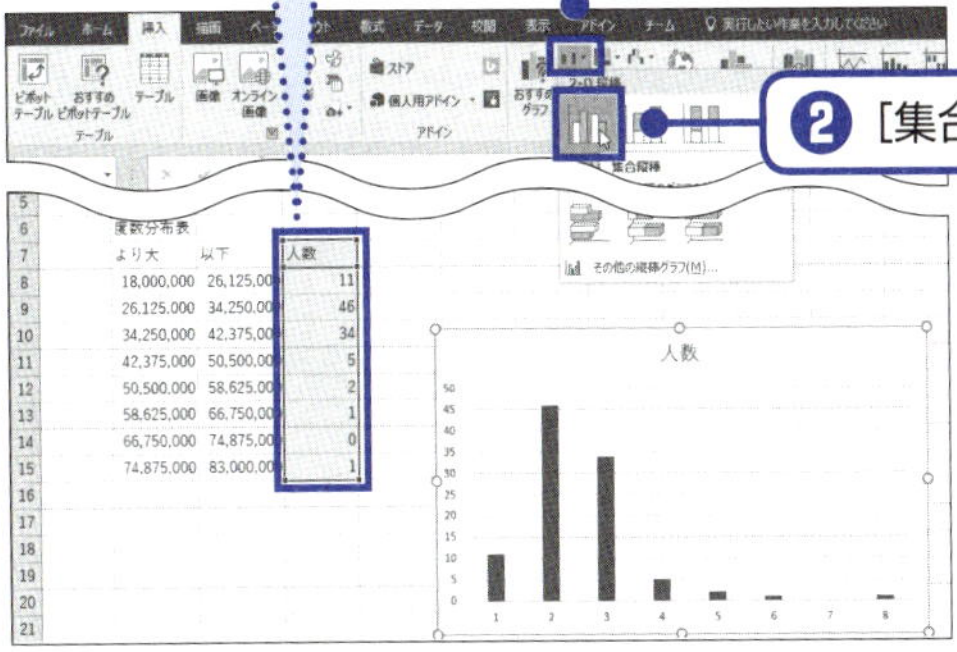

棒グラフが作成できた

❸ 系列（グラフの棒）を右クリックして、[データ系列の書式設定] を選択

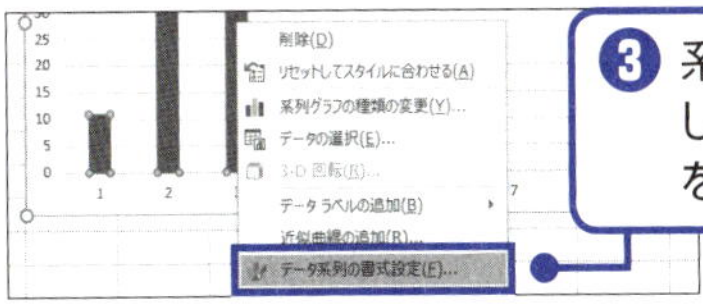

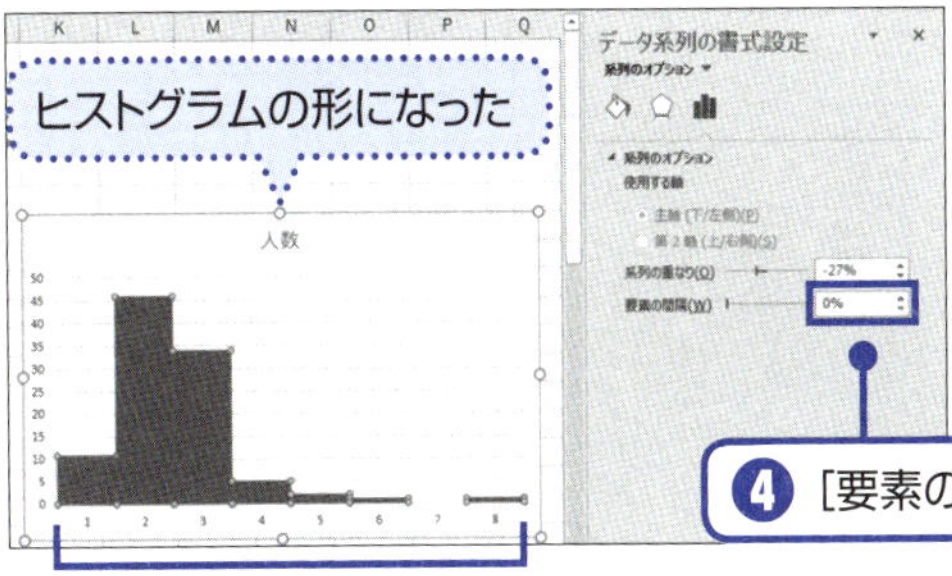

ヒストグラムの形になった

❹ [要素の間隔] に0を入力

グラフの棒の隙間がなくなった

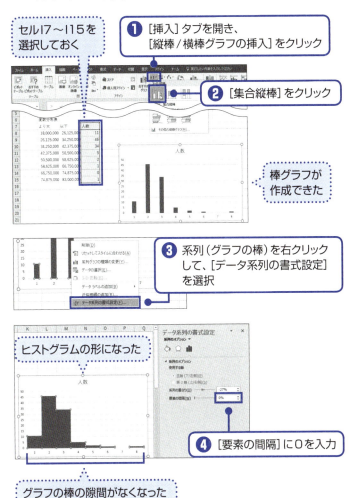

軸ラベルなどの書式を設定してヒストグラムを仕上げる

58ページでは、要素の間隔を0の棒グラフを作成し、ヒストグラムの形にしたが、人数をグラフ化しただけなので、横（項目）軸ラベルに境界値が表示されていない。

そこで、横（項目）軸ラベルの範囲を指定して、境界値を表示するようにしよう。ただし、エクセル2016のヒストグラムのように階級の範囲を表示するのではなく、階級の境界値（「より大」にあたる値）を表示する。そのためには、**［データの選択］ボタンをクリックして、軸ラベルの範囲を指定する**とよい。

あとは、エクセル2016の場合と同じように細かな書式を設定してグラフを仕上げるとよい。例えば、横（項目）軸を右クリックして［軸の書式設定］を選択し、［軸のオプション］の［表示形式］の部分で［ユーザー設定］を選択して、「#,###」を指定し、千円単位で表示されるようにしておくとよい。

ヒストグラムが完成したら、分布の特徴を読み取ってみよう。例えば、度数が多いのは、約2600万円～約4200万円の範囲である。つまり、多くの営業担当者の売上金額はこのあたりであることがわかる。また、山だけでなく裾野の部分にも注目しよう。1人だけだが、約7500万円以上の売上の担当者もいることがわかる。

横（項目）軸ラベルに境界値を表示する

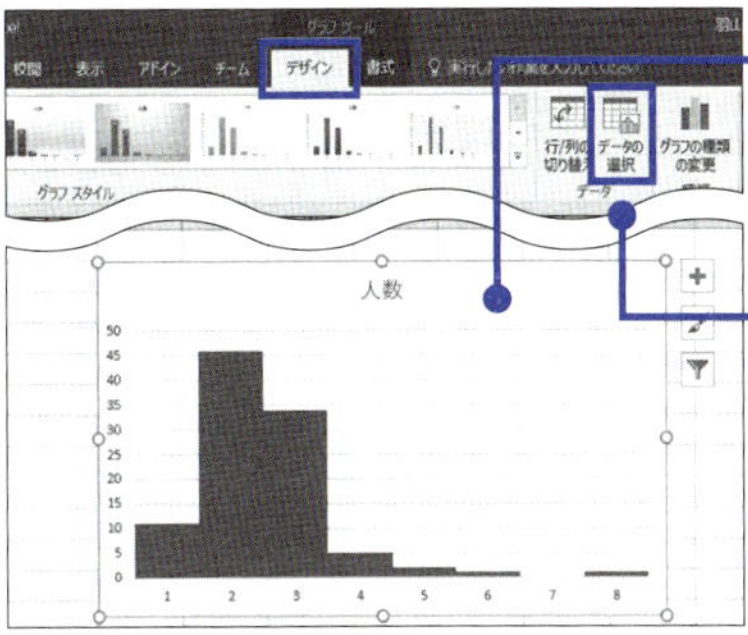

❶ グラフをクリックして選択しておく

❷ ［グラフツール］の［デザイン］タブを開いて［データの選択］をクリック

❸ ［横（項目）軸ラベル］の［編集］ボタンをクリック

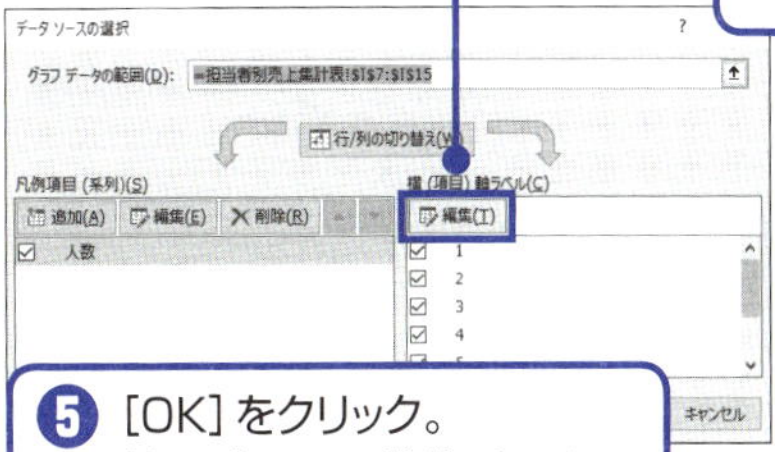

❹ ［軸ラベルの範囲］ボックスをクリックし、セルG8～G15をドラッグして範囲を入力

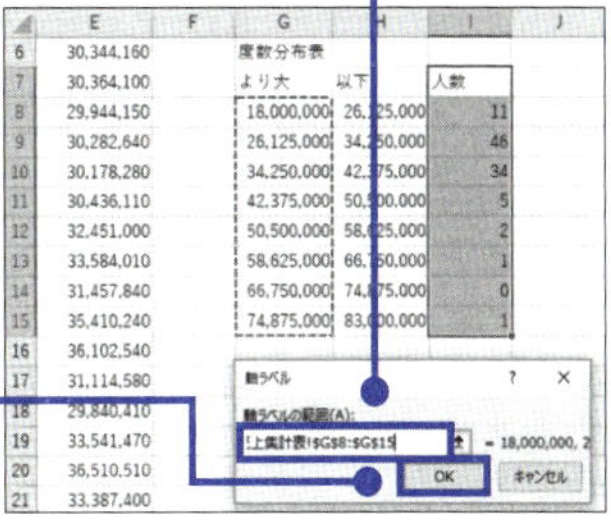

❺ ［OK］をクリック。前のダイアログボックスに戻るので、［OK］をクリック

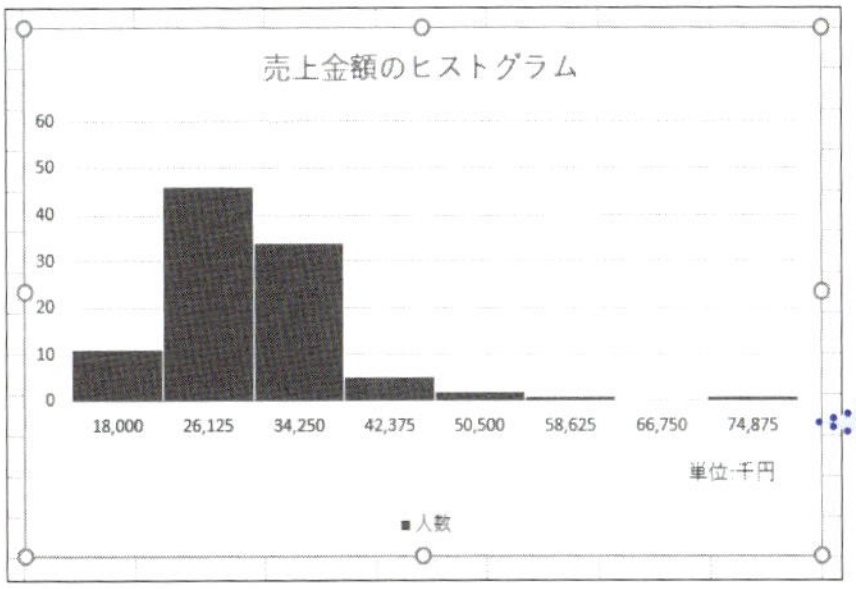

横（項目）軸のラベルに境界値が表示された（表示形式も変更してある）

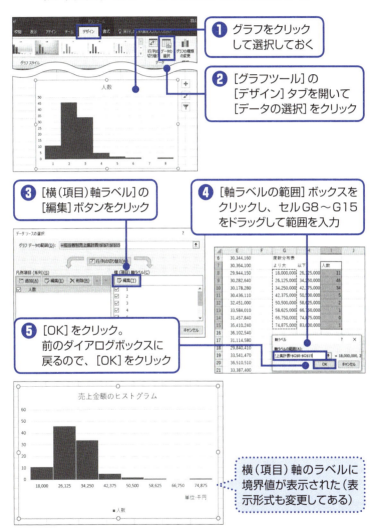

SECTION 09

代表値を求めて集団の性質を表してみよう

必読

よく使われている平均値は代表値のひとつ

支店ごとの売上金額を集計するのは、単に数字を出したいからではなく、各支店の売上を比較するためである。とはいえ、売上金額そのものを比較してもあまり意味がない。支店によって市場の規模や担当者の人数が異なるからである。

そのような場合に、集団の性質をなんらかの値で表せると便利である。そういった値のなかで、一般になじみのあるのは平均値（算術平均）だろう。この、**平均値のように集団を代表する値のことを代表値と呼ぶ**。

左ページの担当者別売上一覧であれば、売上金額の平均値を求めるとよい。この値は、各支店の一般的な担当者の売上金額と考えられる。したがって、担当者の営業活動のひとつの基準として利用できそうである。また、この値は各支店の1人あたり売上金額でもあるので、支店ごとの営業効率を比較するのにも利用できそうである。

では、AVERAGE関数を使って平均値を求めてみよう。

AVERAGE関数で平均値を求める

このデータは意味をわかりやすくするため37ページで集計した
担当者別売上一覧のデータを一部変更してある

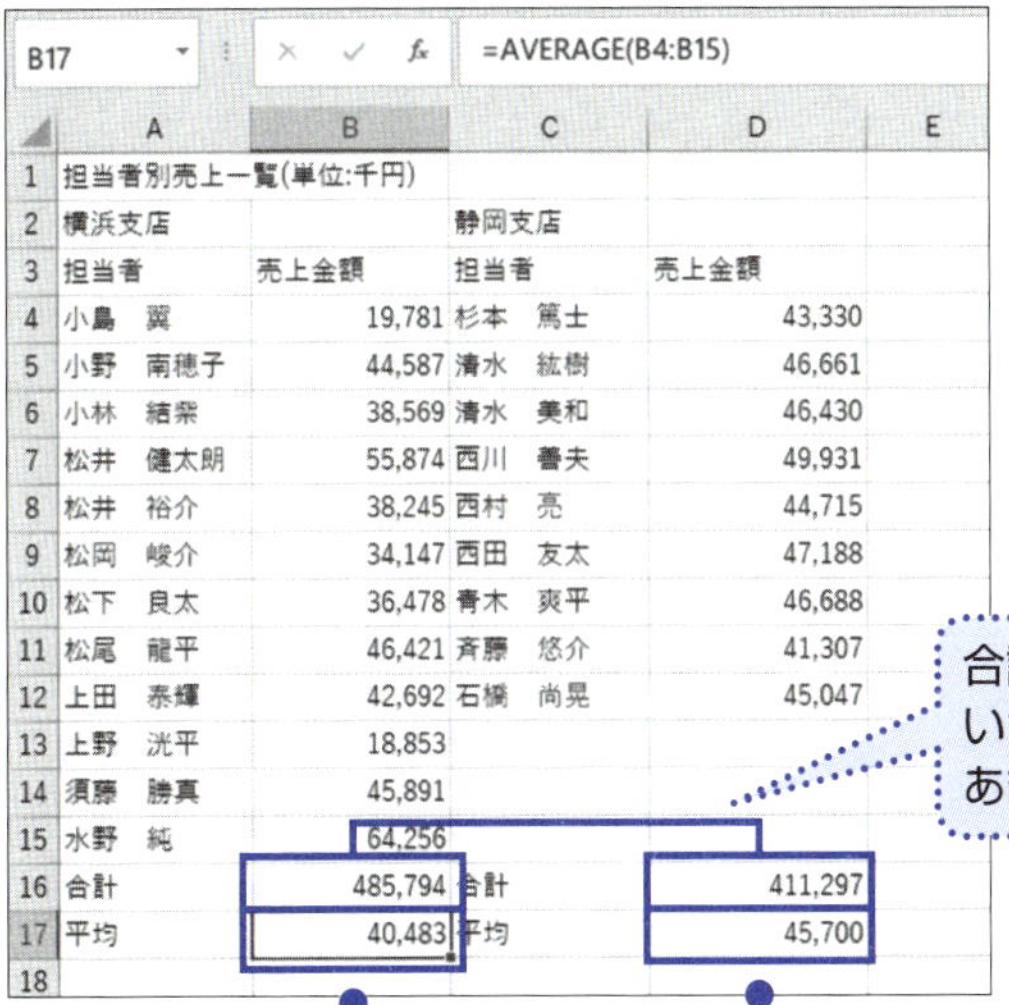

B17　=AVERAGE(B4:B15)

	A	B	C	D	E
1	担当者別売上一覧(単位:千円)				
2	横浜支店		静岡支店		
3	担当者	売上金額	担当者	売上金額	
4	小島　翼	19,781	杉本　篤士	43,330	
5	小野　南穂子	44,587	清水　紘樹	46,661	
6	小林　結栞	38,569	清水　美和	46,430	
7	松井　健太朗	55,874	西川　善夫	49,931	
8	松井　裕介	38,245	西村　亮	44,715	
9	松岡　峻介	34,147	西田　友太	47,188	
10	松下　良太	36,478	青木　爽平	46,688	
11	松尾　龍平	46,421	斉藤　悠介	41,307	
12	上田　泰輝	42,692	石橋　尚晃	45,047	
13	上野　洸平	18,853			
14	須藤　勝真	45,891			
15	水野　純	64,256			
16	合計	485,794	合計	411,297	
17	平均	40,483	平均	45,700	
18					

合計は横浜支店の方が多いが、合計を比較してもあまり意味がない

❶ セルB17に「=AVERAGE(B4:B15)」と入力

担当者の平均売上（1人あたりの売上金額）が求められた

❷ セルD17に「=AVERAGE(D4:D12)」と入力

※1人あたりの売上金額は静岡支店の方が多い。ただし、これだけでは「静岡支店の営業効率が高い」という結論は出せない。市場の規模が違うかもしれないからである。例えば、県民1人あたりの飲料に対する支出が神奈川県と静岡県で異なると、おのずと売上も異なる。結果はあくまで考察のための手がかりと捉えよう

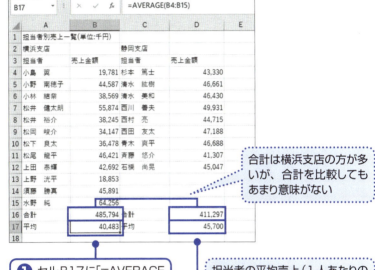

平均値は便利だが、思わぬ落とし穴に要注意！

平均値はよく知られた代表値であり、便利ではあるが、さまざまな落とし穴がある。例えば、**極端に大きな値や小さな値があると、平均値がその値の影響を大きく受けてしまい、実情にそぐわない値になってしまう**。左ページ下の担当者別売上一覧では、セルB7の値が極端に大きいので、その影響によって平均値もかなり大きくなっている。結果として、9人中8人の売上金額が平均値よりも下になってしまった。当然のことながら、ほとんどの担当者にとっては、納得がいかないだろう。これでは、平均値が集団の性質を代表しているとはいいがたい。

では、どうすればよいだろう。

ひとつには、恣意的にならない範囲で、極端な値（外れ値とも呼ばれる）を除外して平均値を求める方法がある。ただし、データの**分布が極端に偏っていると、平均値が集団の代表値としてふさわしくないこともある**。ヒストグラムを作成したときに、山が大きく右、あるいは左に偏っていたり、複数の山があったりする場合だ。

その場合、中央値など、ほかの値を代表値として使うことが多い。詳細については66ページで見ていくこととしよう。

平均値は極端な値に引きずられる

以下のデータは意味をわかりやすくするため担当者別売上一覧のデータを一部変更してある

- ほぼ中央に山がある場合の平均値

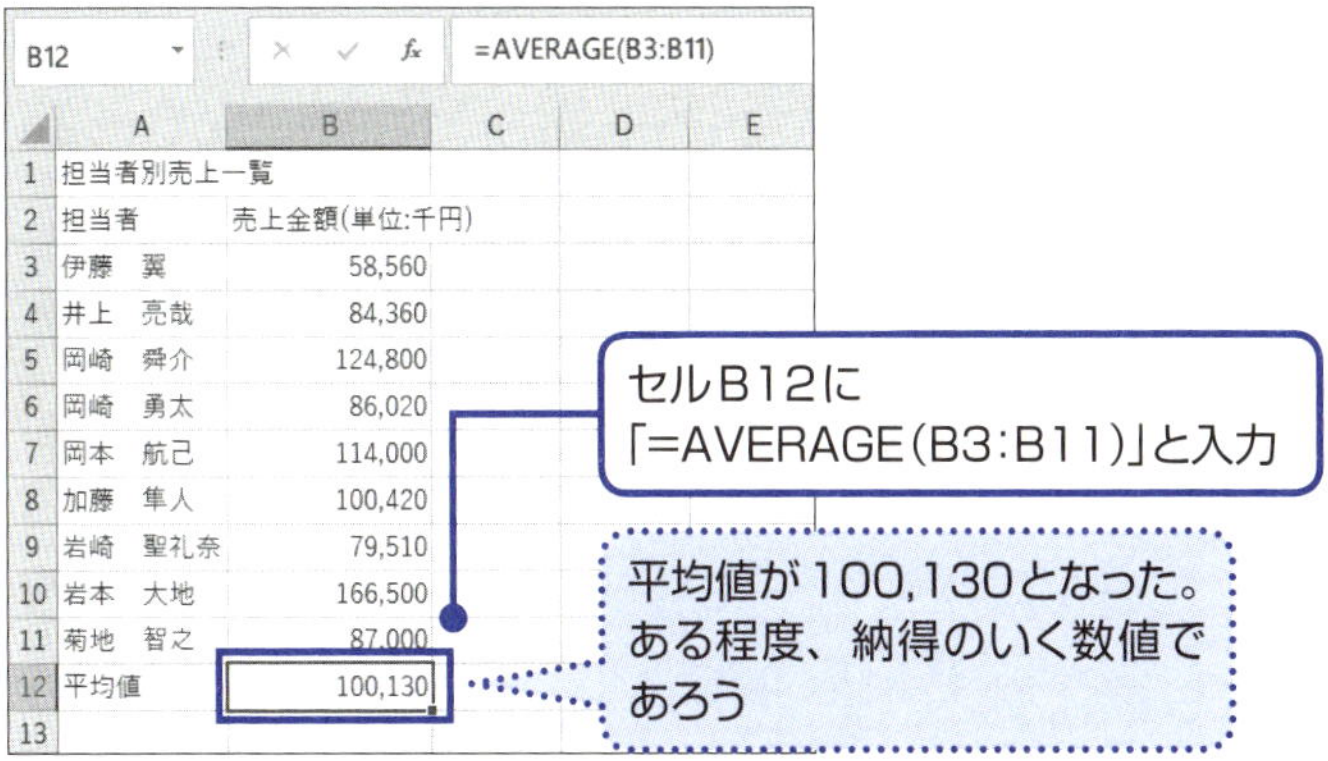

- 極端な値がある場合の平均値

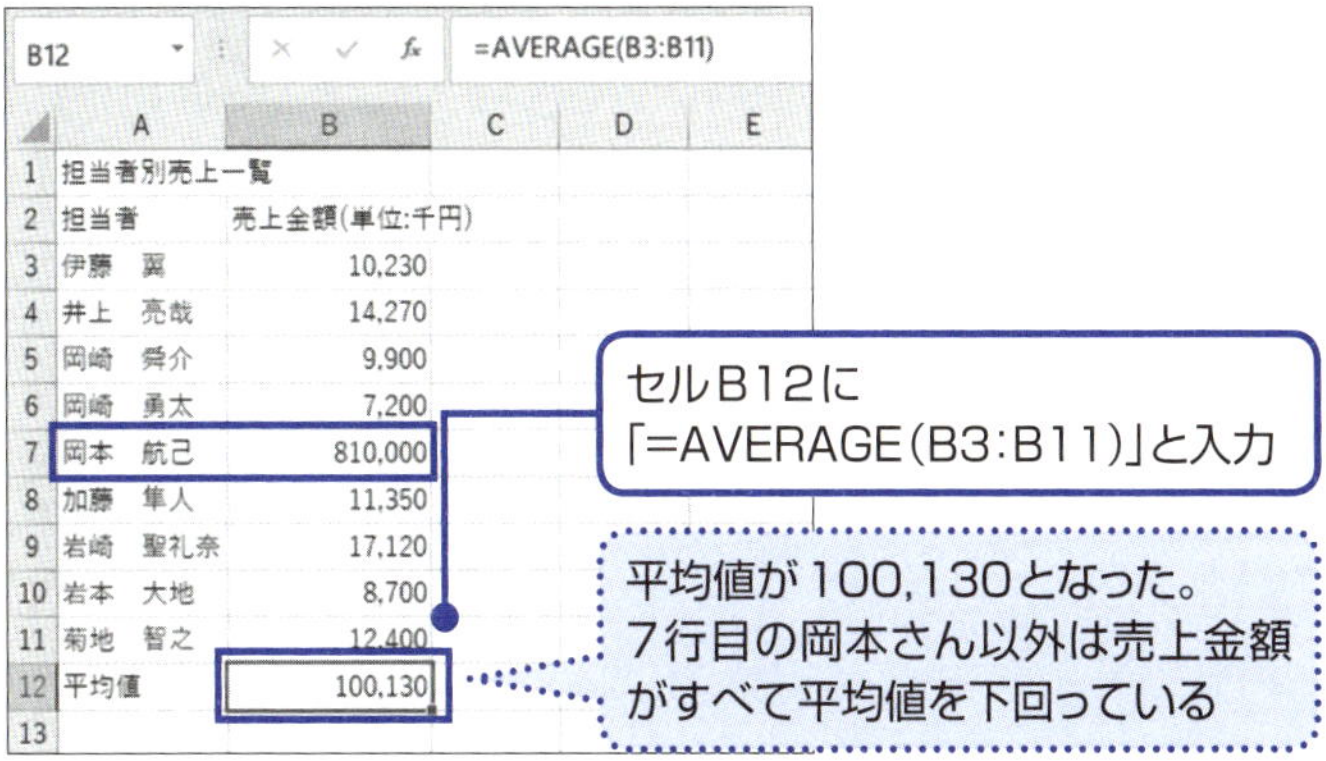

※サンプルファイルにはエクセル2013以前では、表示できないグラフが含まれている

分布に偏りがあるときは、極端な値の影響を受けにくい中央値を使う

中央値とは、すべてのデータを小さい順に並べたときに中央に位置する値である。**中央値は順位に基づいて求められるので、極端に大きな値や極端に小さな値の影響を受けにくい。**そのため、平均値ではなく中央値を代表値として使うこともある。

エクセルでは、MEDIAN関数を使って中央値を求める。データの個数が奇数個の場合、中央値は1つに決まるが、偶数個の場合は中央の値は2つあるので、その2つの値の平均が中央値となる。MEDIAN関数は順位を元に中央値を求めるが、指定した範囲を並べ替えておく必要はない。

左ページの例は、極端な値がある場合の平均値（65ページ参照）と中央値を比較したものである。平均値は10万130となり、ほとんどの担当者にとって納得できない数値になっている。一方、中央値は1万1350となり、極端な値の影響を受けていないことがわかる。ただし、山が2つある分布の場合、中央値も代表値には適さないことに注意（そもそも、1つの集団ではなく、性質の異なる複数の集団があるのかもしれない）。

なお、最も出現する数が多い値（度数の高い値）を表す最頻値も代表値として使われることがある（68ページ参照）。

MEDIAN関数を使って中央値を求める

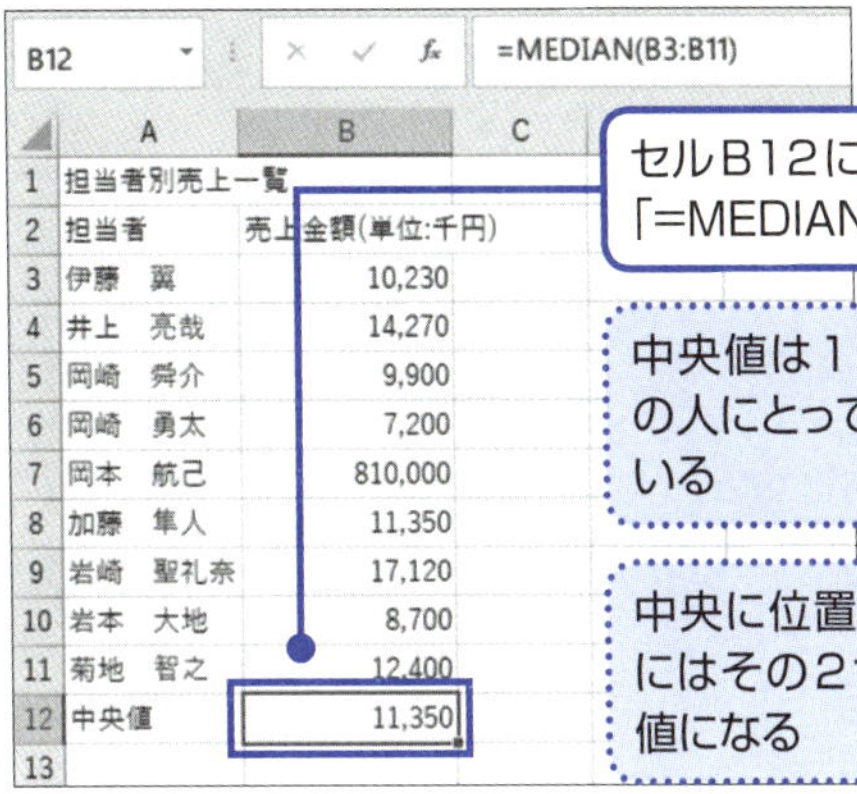

	A	B	C
1	担当者別売上一覧		
2	担当者	売上金額(単位:千円)	
3	伊藤　翼	10,230	
4	井上　亮哉	14,270	
5	岡崎　舜介	9,900	
6	岡崎　勇太	7,200	
7	岡本　航己	810,000	
8	加藤　隼人	11,350	
9	岩崎　聖礼奈	17,120	
10	岩本　大地	8,700	
11	菊地　智之	12,400	
12	中央値	11,350	
13			

セルB12に「=MEDIAN(B3:B11)」と入力

中央値は11,350となった。多くの人にとって納得できる値になっている

中央に位置する値が2つある場合にはその2つの値の平均値が中央値になる

- 極端な値がある場合の平均値と中央値

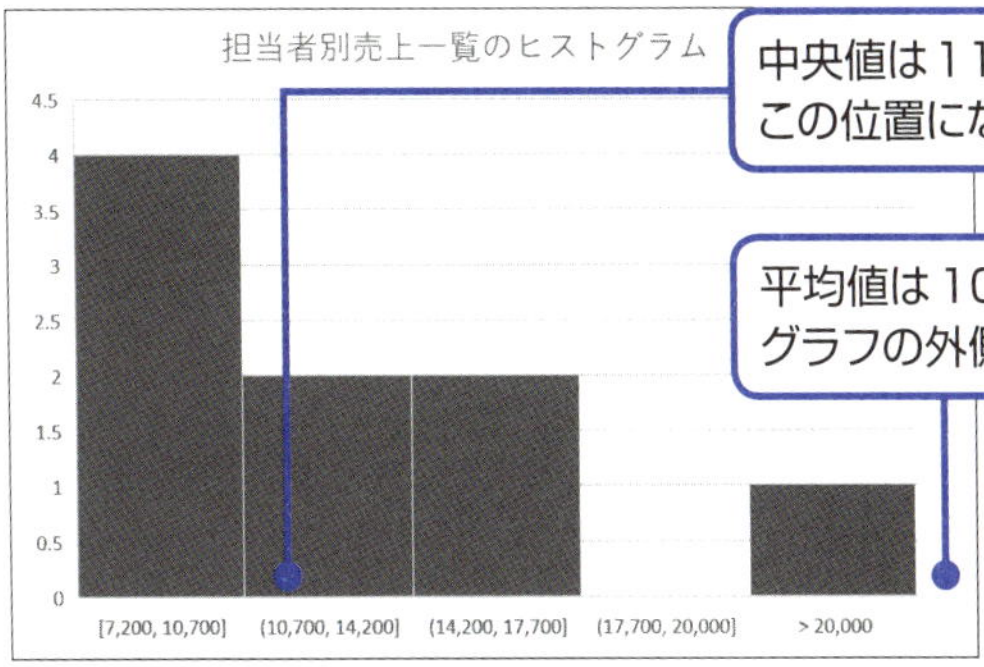

中央値は11,350。この位置になる

平均値は100,130。グラフの外側になってしまう

データが少ないので、ヒストグラムを作成しても意味がないが、イメージをつかむために図示した。810,000という極端な値はグラフのはるか右側に位置する

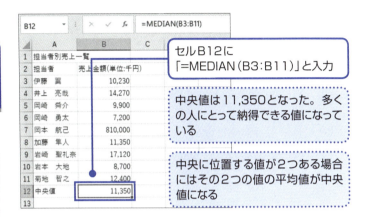

多数派を表す最頻値も代表値として使われることがある

集団の代表値には、平均値や中央値のほかに、**最頻値が使われることもある。最頻値とは、最もよく現れる値のこと**で、エクセルでは、MODE.SNGL関数やMODE.MULT関数を使って求める。

アンケートなどで選択肢が1〜5のいずれかであるといった場合、2.3や4.1といった回答は現れない。このように**値が飛び飛びになった分布を離散分布と呼ぶ**。離散分布で、値のバリエーションが少ない場合、MODE.SNGL関数を使えばかんたんに最頻値が求められる。最頻値が複数ある場合は、最初に見つかった値が最頻値となる。一方、MODE.MULT関数では、複数の最頻値を一度に求めることができる。

しかし、身長や体重、あるいは、売上金額のような分布では、値が飛び飛びにはなっておらず、連続した値のうちのいずれかとなる。このような、**連続した値の分布を連続分布と呼ぶ**。連続分布では、どの値も1回〜数回しか現れないので、MODE.SNGL関数やMODE.MULT関数で最頻値を求めても意味がない。そのような場合は、度数分布表やヒストグラムで、最も度数が高い階級の値を最頻値とする。階級の値は「階級の下の境界値＋階級の幅÷2」で求める。

MODE.SNGL関数やMODE.MULT関数で最頻値を求める

- 離散分布の最頻値を求める

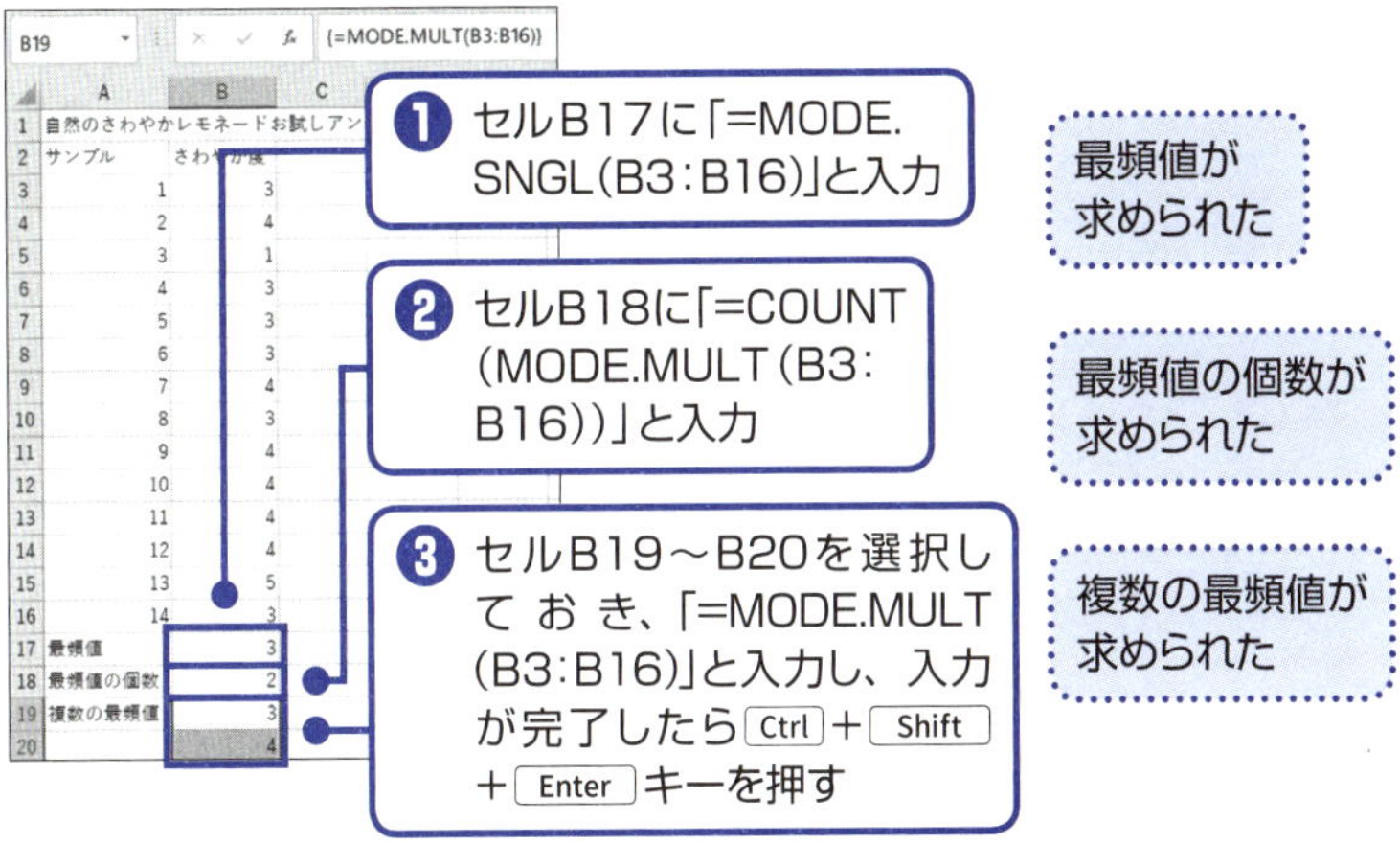
B19
{=MODE.MULT(B3:B16)}
自然のさわやかレモネードお試しアン
サンプル
最頻値
最頻値の個数
複数の最頻値
❶ セルB17に「=MODE.SNGL(B3:B16)」と入力
❷ セルB18に「=COUNT(MODE.MULT(B3:B16))」と入力
❸ セルB19～B20を選択しておき、「=MODE.MULT(B3:B16)」と入力し、入力が完了したら Ctrl ＋ Shift ＋ Enter キーを押す
最頻値が求められた
最頻値の個数が求められた
複数の最頻値が求められた

- 度数分布表から最頻値を求める

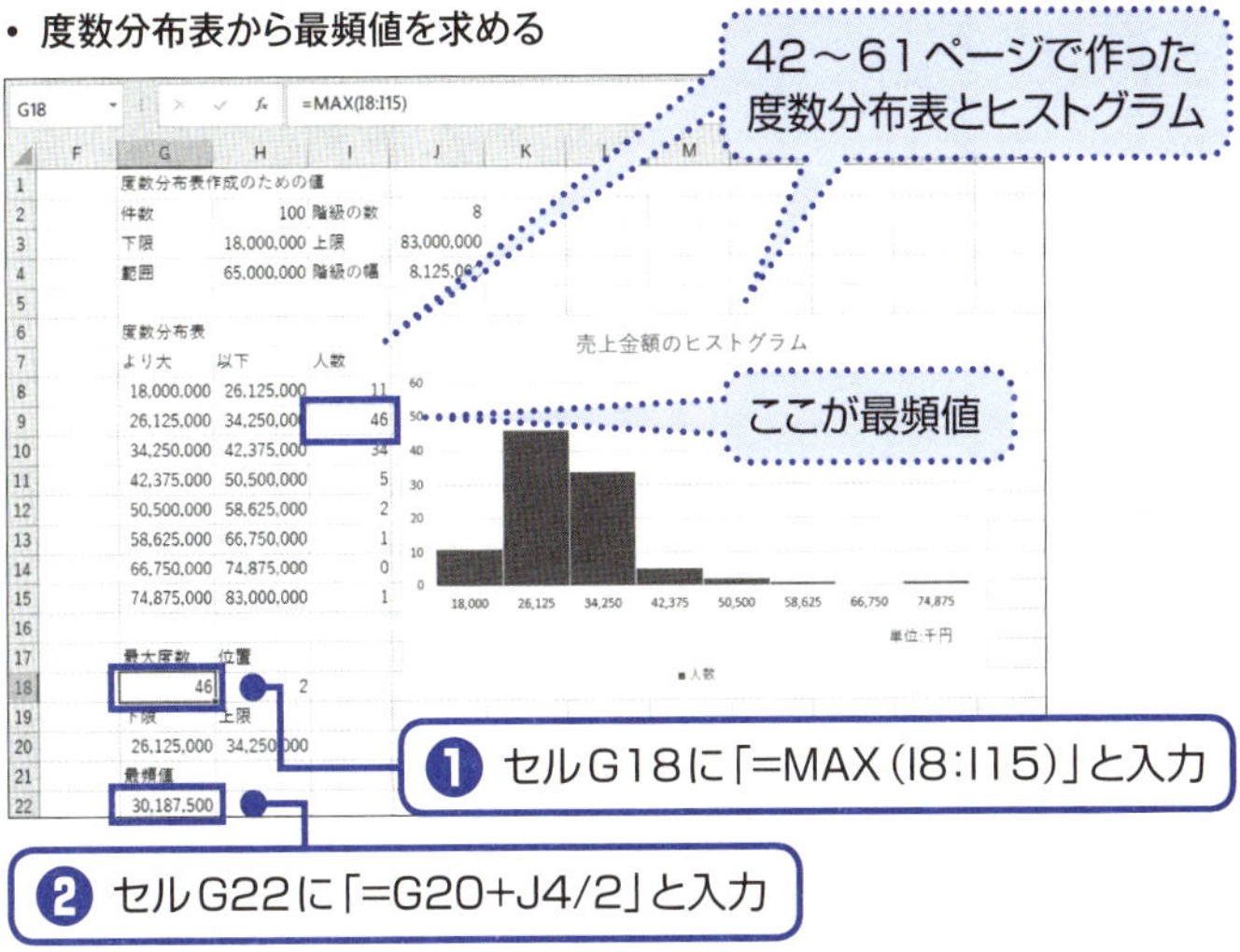
G18
=MAX(I8:I15)
度数分布表作成のための値
件数
階級の数
下限
上限
範囲
階級の幅
度数分布表
より大
以下
人数
最大度数
位置
最頻値
売上金額のヒストグラム
単位:千円
42～61ページで作った度数分布表とヒストグラム
ここが最頻値
❶ セルG18に「=MAX(I8:I15)」と入力
❷ セルG22に「=G20+J4/2」と入力

SECTION 10

分布の散らばり具合を表す値を求めよう

必読

平均値だけではわからない分布の性質を知る

平均値は便利だが、たった1つの値で集団の性質を表してしまうのは、乱暴な話ではないだろうか。平均値が同じでも、平均値付近に値が集まっている場合と、小さい値から大きい値までばらつきが大きい場合では、集団の性質は異なるはずである。

左ページの2つの分布を比べてみるとよい。一方は平均値の近くにデータが集まっており、もう一方はかなりばらけている。いずれも平均値は50であるが、平均値だけではこの2つの集団の違いを説明できない。

平均値だけでなく、分布の散らばり具合を合わせて示すことができれば、集団の性質をより適切に示すことができる。そこで、標準偏差や分散を使う。

標準偏差や分散は分布の散らばり具合を表す値である。これらの値は平均値と各データの距離(の平均)とも考えられる。**各データが平均値に近いと標準偏差や分散は小さく、各データが平均値から離れると標準偏差や分散は大きくなる。**

分布の散らばり具合を表すには

100個のデータからヒストグラムを作ってみた。
いずれも平均値は50であるが、散らばり具合が異なっている

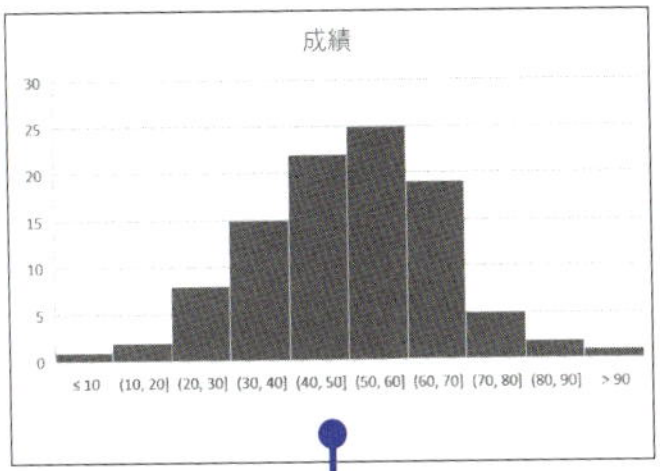

平均値の近くにデータが集まっている

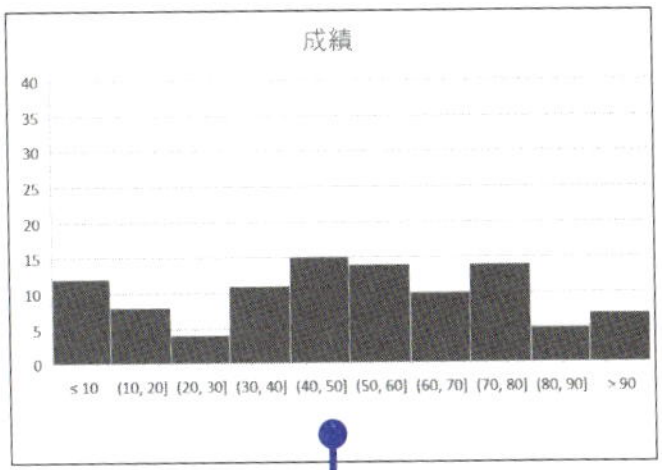

データはかなりばらけている

- 分散と標準偏差を求める方法

❶ 平均値を求める（11になる）

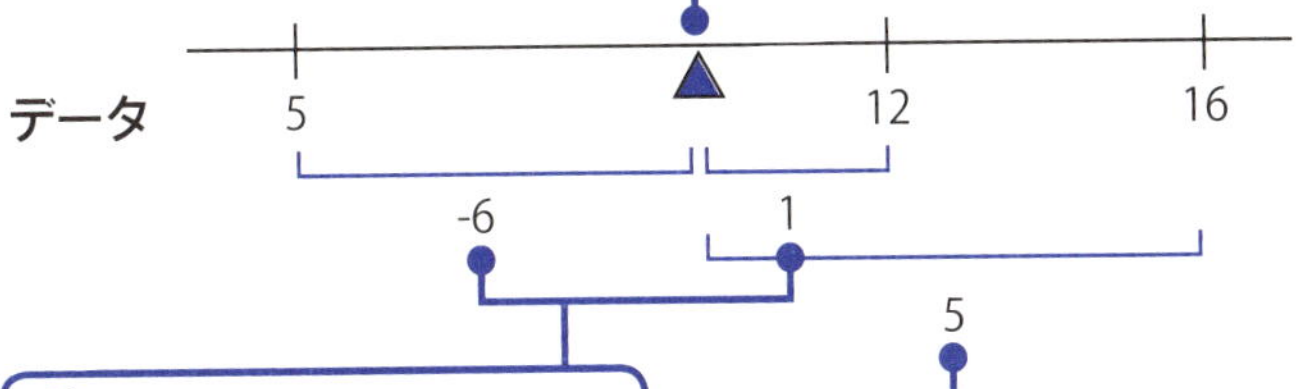

❷ 各データと平均値との差を求める（順に-6, 1, 5）

❸ 平均値との差を2乗して合計する（36+1+25=62）

＋の値と－の値をそのまま合計すると相殺されてしまうので、絶対値を求めるために2乗した

❹ データの個数で割ると分散が求められる(62÷3=20.67)

分散の√を取ると標準偏差になる
($\sqrt{20.67}$=4.55)

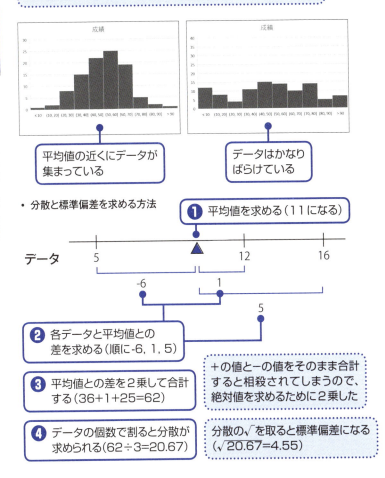

データの取り出し方によって標準偏差の求め方が異なる

標準偏差は分布の散らばり具合を表すのに便利な値だが、エクセルの関数一覧を見ると、標準偏差にはSTDEV.P関数とSTDEV.S関数があることがわかる。

実は、**標準偏差には「標本標準偏差」と呼ばれるものと「不偏標準偏差」と呼ばれるものがあり、きちんと使い分ける必要がある。**違いは次の通りである。

- 標本標準偏差：データが母集団のすべてのデータであるときに母集団の標準偏差を求める（STDEV.P関数を使う）
- 不偏標準偏差：データが母集団から取り出した一部のデータであるときに、母集団の標準偏差を推定するために使う（STDEV.S関数を使う）

これまで見てきた担当者別売上一覧の場合はどちらを使えばよいだろうか。このデータは多くの担当者の中から何人かを抽出して調べた値ではなく、全担当者のデータである。したがって、標本標準偏差を使えばよい。

分散にも「標本分散」（VAR.P関数）と「不偏分散」（VAR.S関数）がある。考え方は標準偏差の場合とまったく同じである。なお、71ページで求めた値は標本標準偏差と標本分散である（不偏標準偏差や不偏分散は、「データの個数－1」で割って求める）。

標本標準偏差と不偏標準偏差の違いとは

- 標本標準偏差（STDEV.P）

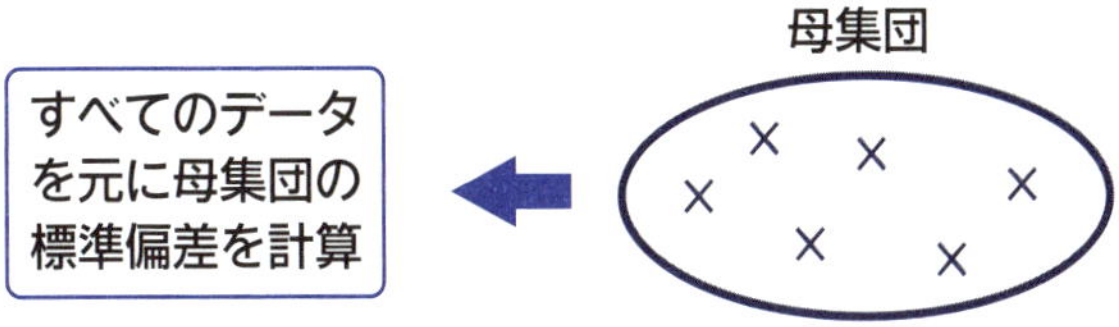
母集団
すべてのデータを元に母集団の標準偏差を計算

全事業所や全従業員を対象とした調査、模擬試験など

- 不偏標準偏差（STDEV.S）

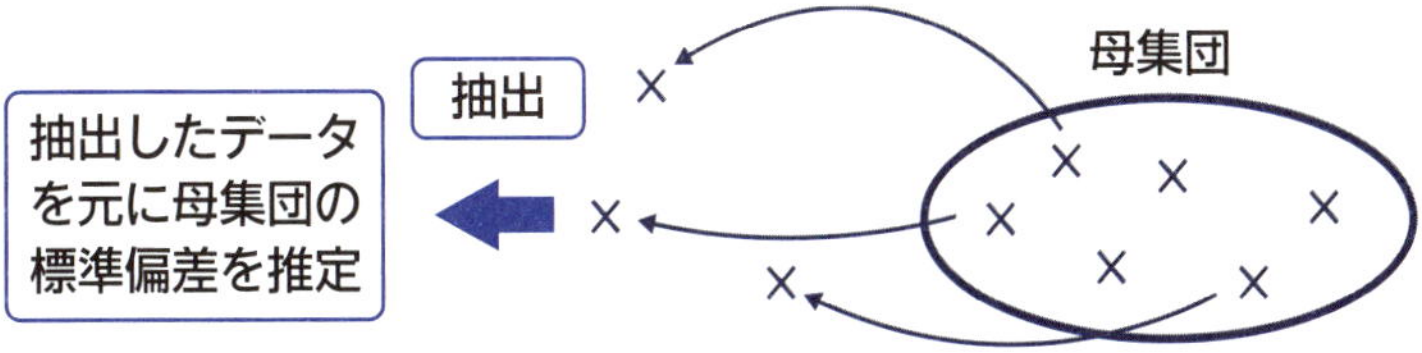
母集団
抽出
抽出したデータを元に母集団の標準偏差を推定

製品の抜き取り検査、街頭でのアンケート調査など

標本分散と不偏分散の違いも同様

SUMMARY

- 母集団の標準偏差や分散を求める
  標本標準偏差（STDEV.P）、標本分散（VAR.P）
- 一部のサンプルから母集団の標準偏差や分散を推定する
  不偏標準偏差（STDEV.S）、不偏分散（VAR.S）

数式を知らなくても、標準偏差はかんたんに求められる

では、実際に標準偏差を求めてみよう。71ページでは標準偏差の意味を理解するために計算方法を示したが、関数を使えば面倒な計算をしなくても求められる。

左ページのような担当者別売上一覧のデータがあるものとする。このデータは一部の担当者を抜き出したデータではなく、全担当者のデータである。したがって、STDEV.P関数を使って標本標準偏差を求める。

引数の指定方法はかんたん。合計や平均値を求めるのと同じように、データをすべて指定するだけでよい。

結果を見比べてみると、**散らばり具合が大きい場合、標準偏差が大きくなり、散らばり具合が小さい場合には、標準偏差が小さくなっている**ことがわかる。

なお、「標準偏差が大きい」=「担当者の能力にばらつきがある」のように、結論を急いではいけない。実際には、業務の割り振りが不適切なだけかもしれないし、入力ミスや集計ミスの可能性もある。**数値は説得力を高めるが、同時に思い込みを強化してしまう諸刃の剣である**。数値だけが独り歩きし始め、誤った解釈を広めてしまうことも多い。単純に結論に飛び付かず、十分に考察を加えるように心がけよう。

標準偏差を求めると分布の散らばり具合がわかる

- 極端な値がある場合の標準偏差

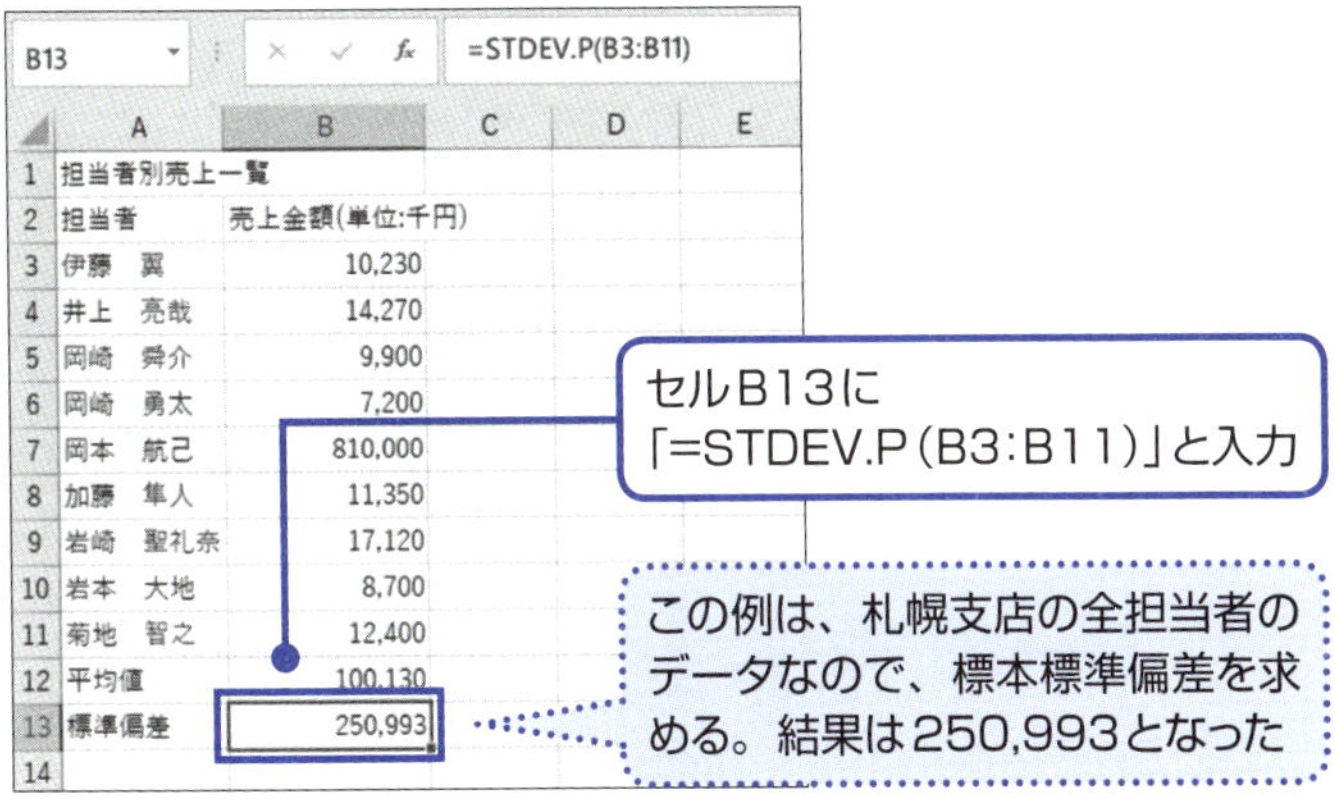

- 平均値付近に値が集まっている場合の標準偏差

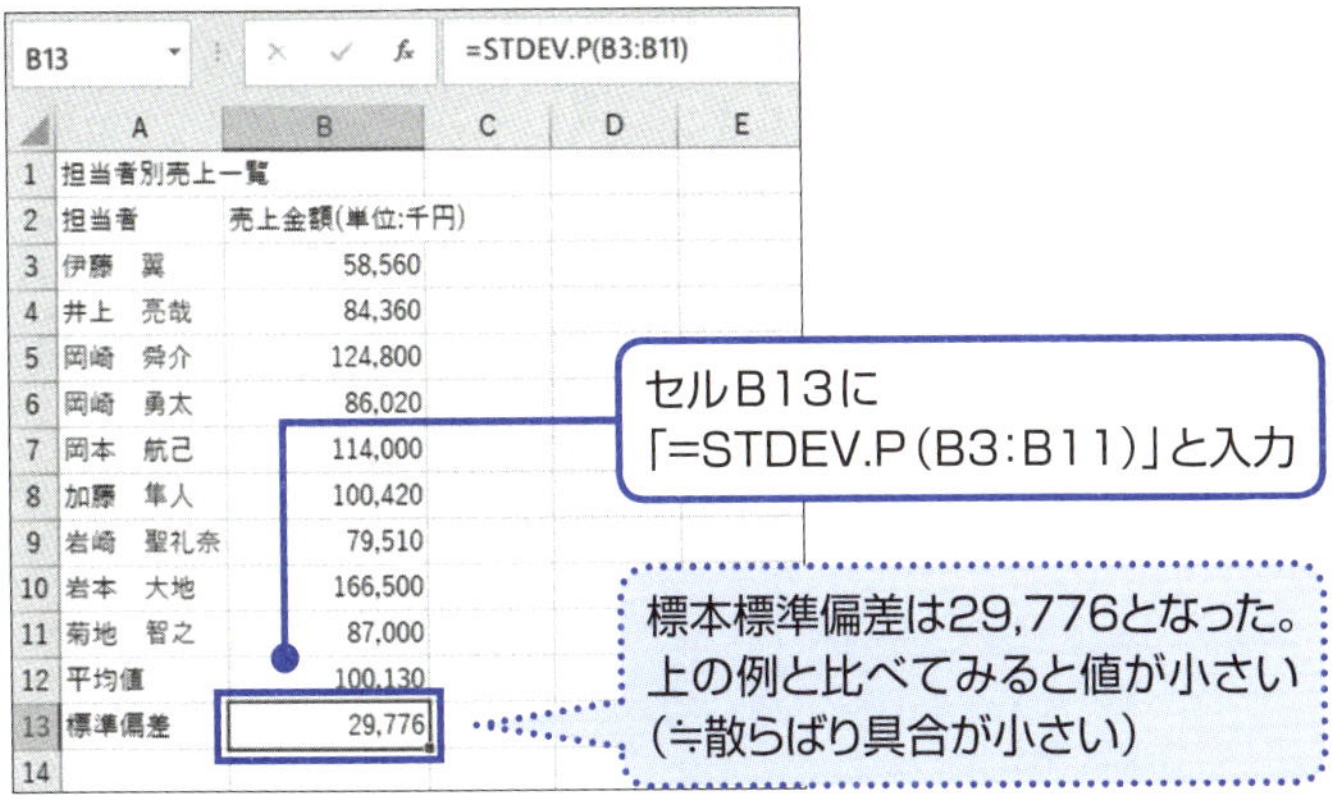

平均値や標準偏差を比較すれば、数値の意味が見えてくる

平均値がいくら、標準偏差がいくらといわれただけでは、売上や散らばり具合が大きいのか小さいのかはわからない。しかし、横浜支店の平均売上はいくらで、静岡支店の平均売上はいくら、といわれると違いがわかる。単純に結論に結び付けてしまうのはよくないが、**比較して初めて、数値の意味を読み取ることができる**。

支店ごとに求めた担当者別売上金額の平均は、各支店の1人あたりの売上金額（「売上合計÷人数」）である。この値をすべて求め、比較しようというわけである。

支店ごとに売上の平均と標準偏差を求めるには、AVERAGE関数やSTDEV.P関数をいくつか入力してもよいが、かなりの手間になる。そこで、ピボットテーブルを使うことにしよう。**ピボットテーブルでは、合計だけでなく、平均や標準偏差などの統計値を求めることもできる**。

ただし、重要な注意点がひとつ。ピボットテーブルの「標準偏差」は、72ページの標本標準偏差を意味する。またピボットテーブルの「標本標準偏差」は、72ページの不偏標準偏差を意味する。したがって、ここでは「標準偏差」を求めればよい。

ピボットテーブルを使って標準偏差を求める

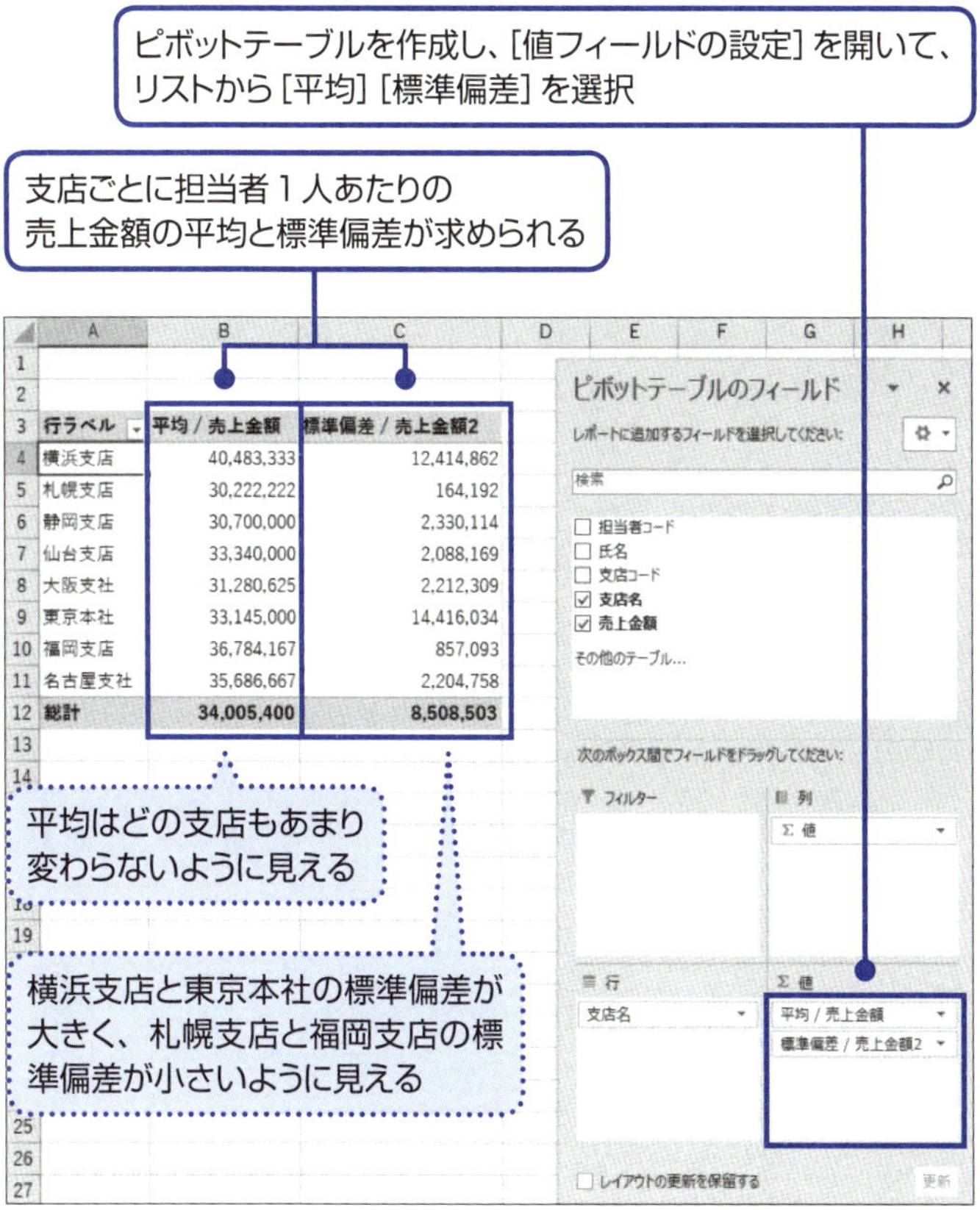

行ラベル	平均 / 売上金額	標準偏差 / 売上金額2
横浜支店	40,483,333	12,414,862
札幌支店	30,222,222	164,192
静岡支店	30,700,000	2,330,114
仙台支店	33,340,000	2,088,169
大阪支社	31,280,625	2,212,309
東京本社	33,145,000	14,416,034
福岡支店	36,784,167	857,093
名古屋支社	35,686,667	2,204,758
総計	34,005,400	8,508,503

SECTION 11

集団の中での位置を求めたり、異なる集団で比較を行ったりしよう

必読

偏差値は正しく使えばとても便利!

偏差値は学校のランク付けに使われることが多いので、格差社会を助長するかのようなよくないイメージを持たれているようである。しかし、正しく使えばとても便利なものである。**偏差値を使えば、平均や標準偏差が異なる分布であっても、どのあたりの位置にいるのかが比較できる。**

例えば、同じ70点でも、平均点が50点の場合と80点の場合では価値が違う。また、分布の散らばり具合(標準偏差)が異なるとやはり価値が違う。そこで、**分布の平均値を50に、標準偏差を10に揃えることで、異なるそれらの値を比較できるようにする。**

具体的には、「(各データ − 平均値)÷ 標準偏差 × 10 + 50」という計算で求める。左ページの左の例なら、「(70 − 50)÷ 20 × 10 + 50」なので、偏差値は60となる。

ただし、集団の分布が正規分布(84ページ参照)からかけ離れていると、適切な結果が得られないこともあるので注意が必要である。

偏差値はどんなふうに役立つのか

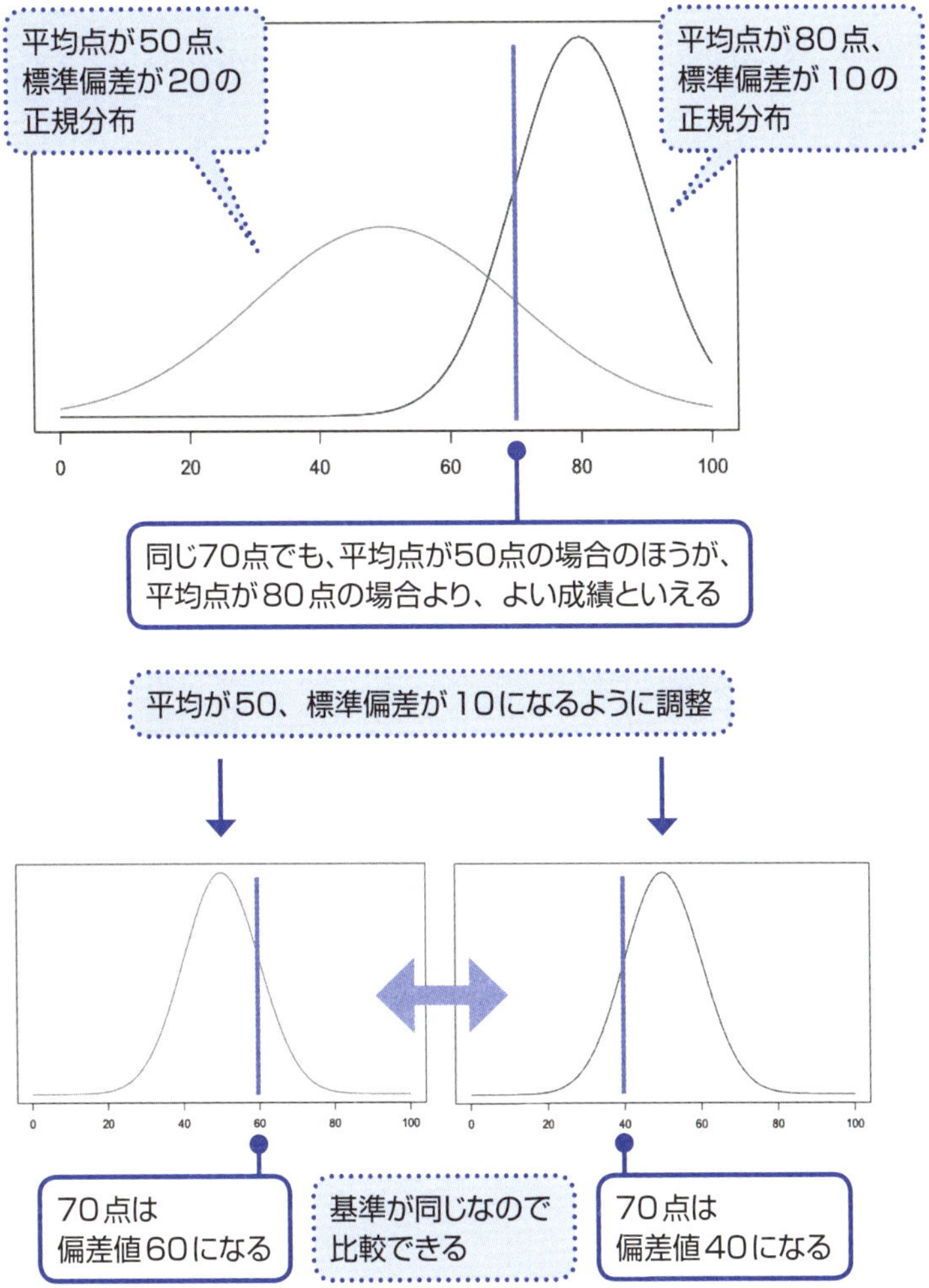

偏差値を求めて集団の中での位置を知る

偏差値を求めるためには、分布の平均値を50に、標準偏差を10に揃える。そのために、「(各データ − 平均値) ÷ 標準偏差 × 10 + 50」という計算を行う。

この式にしたがってそのまま計算しても構わないのだが、

(各データ − 平均値) ÷ 標準偏差

の部分はSTANDARDIZE関数を使って求めることができる。この計算を標準化と呼ぶ。**標準化とは、各データを平均0、標準偏差1の分布にあてはめる計算である。**この計算で求められた値は、標準化変量とも呼ばれる。

標準化変量を10倍して50を足せば偏差値が求められる。つまり、平均が50、標準偏差が10になる。

では、札幌支店の担当者別売上一覧を元に、各担当者の偏差値を求めてみよう。STANDARDIZE関数の引数には、各データ、平均値、標本標準偏差を指定する。「各データ」とは担当者の売上金額である。平均値と標本標準偏差は全員の売上金額を元に求めておけばよい。求められた偏差値を見れば、集団の中でだいたいどのあたりの位置にいるかがよくわかるはずだ。

札幌支店の各担当者の偏差値を求める

❶ セルC12に「=AVERAGE(C3:C11)」と入力、セルC13に「=STDEV.P(C3:C11)」と入力

平均値と標本標準偏差が求められた

D3 =STANDARDIZE(C3,$C$12,$C$13)

	A	B	C	D	E
1	担当者別売上一覧				
2	担当者コード	氏名	売上金額	標準化変量	偏差値
3	1214765	伊藤　翼	30,230,300	0.049	50.5
4	1214766	井上　亮哉	30,274,120	0.316	53.2
5	1214767	岡崎　舜介	29,946,140	-1.681	33.2
6	1214768	岡崎　勇太	30,344,160	0.743	57.4
7	1214769	岡本　航己	30,364,100	0.864	58.6
8	1214770	加藤　隼人	29,944,150	-1.694	33.1
9	1214771	岩崎　聖礼奈	30,282,640	0.368	53.7
10	1214772	岩本　大地	30,178,280	-0.268	47.3
11	1214773	菊地　智之	30,436,110	1.303	63.0
12		平均値	30,222,222		
13		標準偏差	164192.136		

❷ セルD3に「=STANDARDIZE(C3,$C$12,$C$13)」と入力

標準化変量が求められた

❸ セルE3に「=D3*10+50」と入力

❹ セルD3〜E3をセルD11〜E11までコピー

偏差値が求められた。例えば、井上さんの偏差値は53.2なので、平均より上にいることがわかる

- 値を標準化する（STANDARDIZE関数）

= STANDARDIZE(C3, $C$12, $C$13)

C3：数値　$C$12：平均値※　$C$13：標本標準偏差※

※ 平均値と標本標準偏差は決まったセルに求められているので、数式をコピーしても、セル参照が変化しないように、絶対参照にしてある

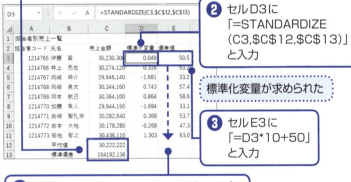

偏差値を使えば、異なる集団の間でも比較ができる

80ページと同じ方法で横浜支店の担当者の偏差値も求めてみよう。札幌支店の井上さんは売上が約3000万円であったが、偏差値は53.2である。一方、ここで求めた横浜支店の小林さんは売上が約3800万円、偏差値は46.6である。このことから、売上は小林さんの方が大きいが、支店内での位置は井上さんの方が上であることがわかる。

このように、**偏差値を求めると、集団の中でどの位置にいるかが明確にわかる**。また、**偏差値は平均や標準偏差の異なる集団での比較にも使える**。ただし、数値だけですべてを判断するのは避けたほうがよい。偏差値が低いのは、担当者の能力のせいかもしれないが、営業が難しい地域にベテランの担当者を配置したが、まだ成果が上がっていないからかもしれない。逆に、偏差値が高くても、担当者の力量によるものではなく、上得意の顧客を前任の担当者から引き継いだだけかもしれない。

組織として動く以上、**数値は格付けのためだけに使うのではなく、全体の効用を高めるための手がかりとして使うべきである**。なんらかの工夫をして成果を上げている担当者がいれば、その方法を共有したり、問題を抱えている担当者がいれば、サポートの体制を整えるなどの方策を取ったりするのが健全といえよう。

札幌支店と横浜支店の担当者の偏差値を比較する

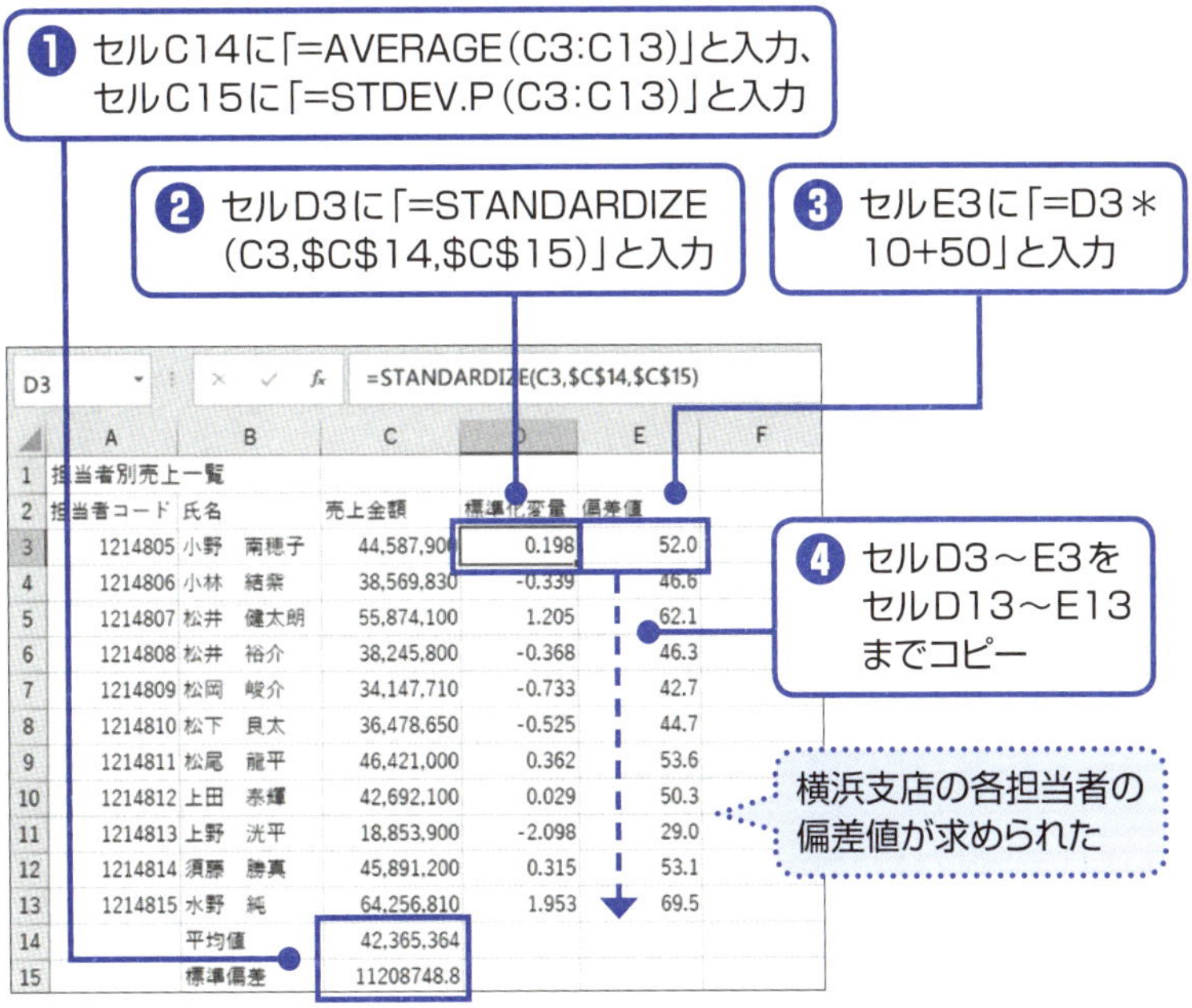

	A	B	C	D	E	F
1	担当者別売上一覧					
2	担当者コード	氏名	売上金額	標準化変量	偏差値	
3	1214805	小野　南穂子	44,587,900	0.198	52.0	
4	1214806	小林　結紫	38,569,830	-0.339	46.6	
5	1214807	松井　健太朗	55,874,100	1.205	62.1	
6	1214808	松井　裕介	38,245,800	-0.368	46.3	
7	1214809	松岡　峻介	34,147,710	-0.733	42.7	
8	1214810	松下　良太	36,478,650	-0.525	44.7	
9	1214811	松尾　龍平	46,421,000	0.362	53.6	
10	1214812	上田　泰輝	42,692,100	0.029	50.3	
11	1214813	上野　洸平	18,853,900	-2.098	29.0	
12	1214814	須藤　勝真	45,891,200	0.315	53.1	
13	1214815	水野　純	64,256,810	1.953	69.5	
14		平均値	42,365,364			
15		標準偏差	11208748.8			

- 担当者の偏差値を比較してみる

		売上金額		偏差値
1214766	井上　亮哉	30,274,120	0.316	53.2
1214806	小林　結紫	38,569,830	-0.339	46.6

売上金額は横浜支店の小林さんのほうが大きいが、
偏差値は札幌支店の井上さんのほうが大きい

SECTION 12

平均値と標準偏差がわかれば自分の位置がわかる！

必読

「平均 ± 標準偏差」の範囲には全体の68.27パーセントが含まれる

身長や体重などの一般的なデータは正規分布にしたがうといわれる。**正規分布では、平均値のあたりに多くのデータが集まっており、平均値から離れるとデータが少なくなる。**ヒストグラムで見ると、山のような形になる。

正規分布では、平均値の近くでは少し値が上がれば順位も容易に上がるが、値が大きいと順位を上げるのは難しい。50点を55点にすると数十人追い抜けるが、90点を95点にしても追い抜けるのは数人程度、という日常の感覚からも理解できるだろう。

正規分布では、「平均値 ± 標準偏差」の範囲に全体の68.27パーセントのデータが含まれる。また、「平均値 ± 標準偏差 × 2」の範囲は全体の95.45パーセントとなる。例えば、**平均値が50、標準偏差が10の正規分布の場合、データの値が60であれば、上位から15.87パーセントの範囲に入る**ことになる。また、データの値が70であれば、上位から2.28パーセントの範囲に入る。

平均値と標準偏差から全体の中での位置を知る

- 正規分布のグラフ（平均：μ=50、標準偏差：σ=10）※

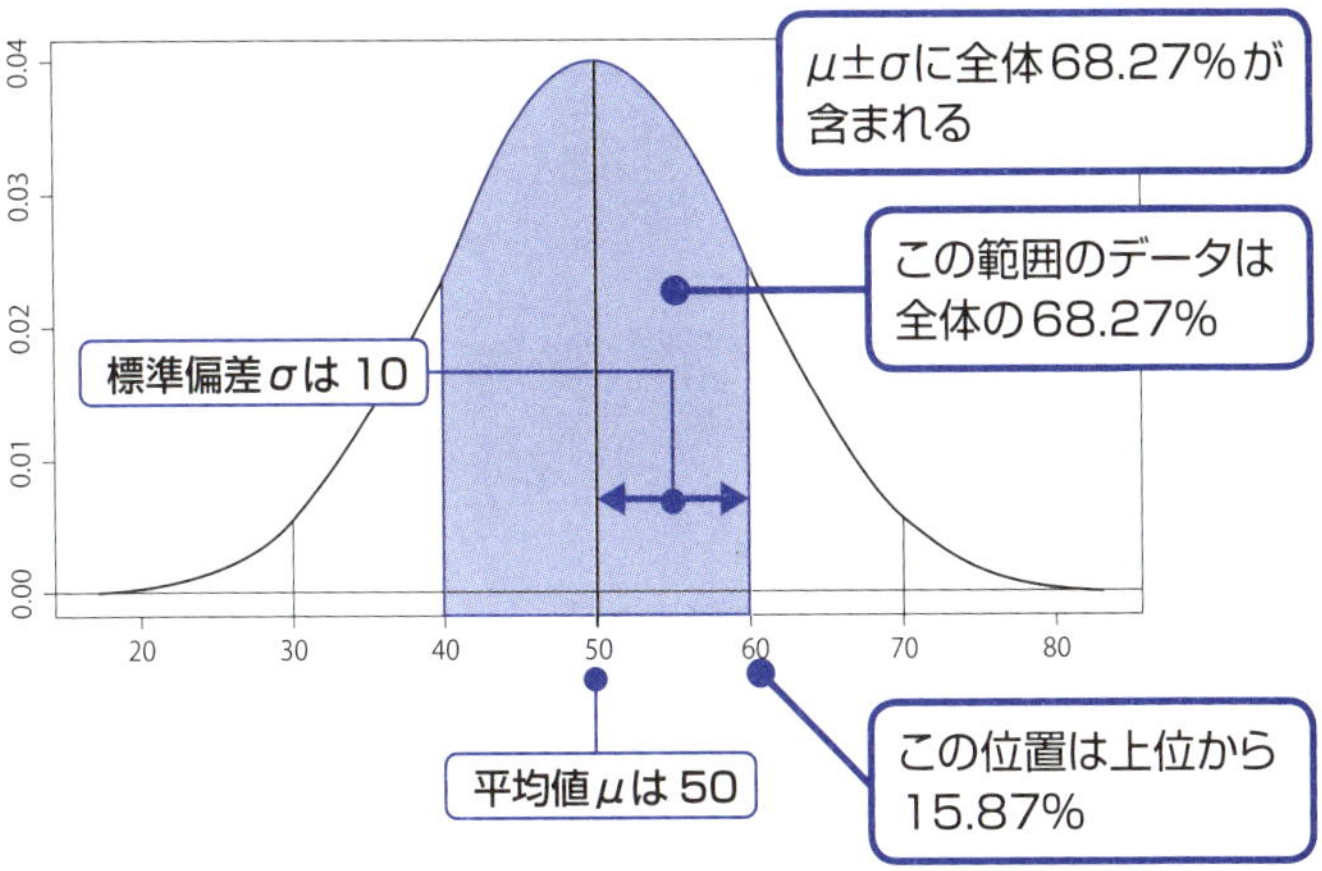

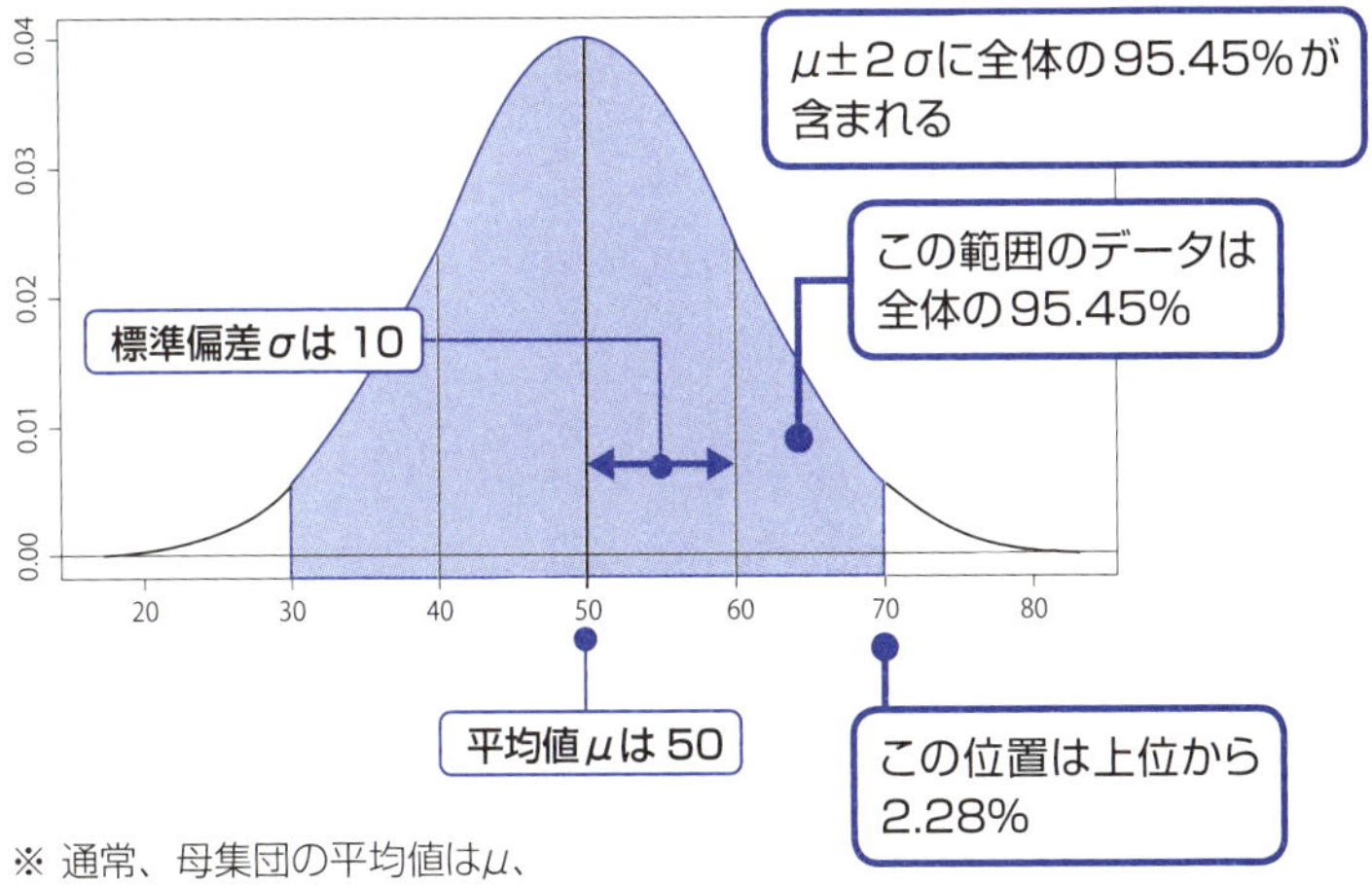

※ 通常、母集団の平均値はμ、標準偏差はσと書く

偏差値が60であれば全体のどの位置にあたるだろうか？

収集したデータ（の母集団）が正規分布に当てはまると考えられるなら、ある値が全体の中でどの位置にあるかを知ることができる。そのような値はNORM.DIST関数で求められる。

担当者別売上金額のデータを使う前に、まず、単純な例を先に見ておこう。例えば、平均値が50、標準偏差が10であるものとする。

NORM.DIST関数で「累積確率」を求めると、指定した値が正規分布の中で下位から何パーセントまでの範囲に位置するのかがわかる。値が60であれば、

= NORM.DIST (60, 50, 10, TRUE)

と入力すればよい。50は平均値、10は標準偏差、TRUEは累積確率を求めるという指定である。**累積確率とは、下位から、指定した値までの範囲に入る確率である。**

関数を入力すると60点は下位から84.13パーセントの位置にあることがわかる。上位から何パーセントかを知りたい場合、全体が100パーセントなので、1からNORM.DIST関数の値を引けばよい（つまり15.87パーセントとなる）。なお、左ページの例では、0～100までのデータxに対する累積確率をすべて求めている。

ある値が下位から何パーセントの範囲に入るか

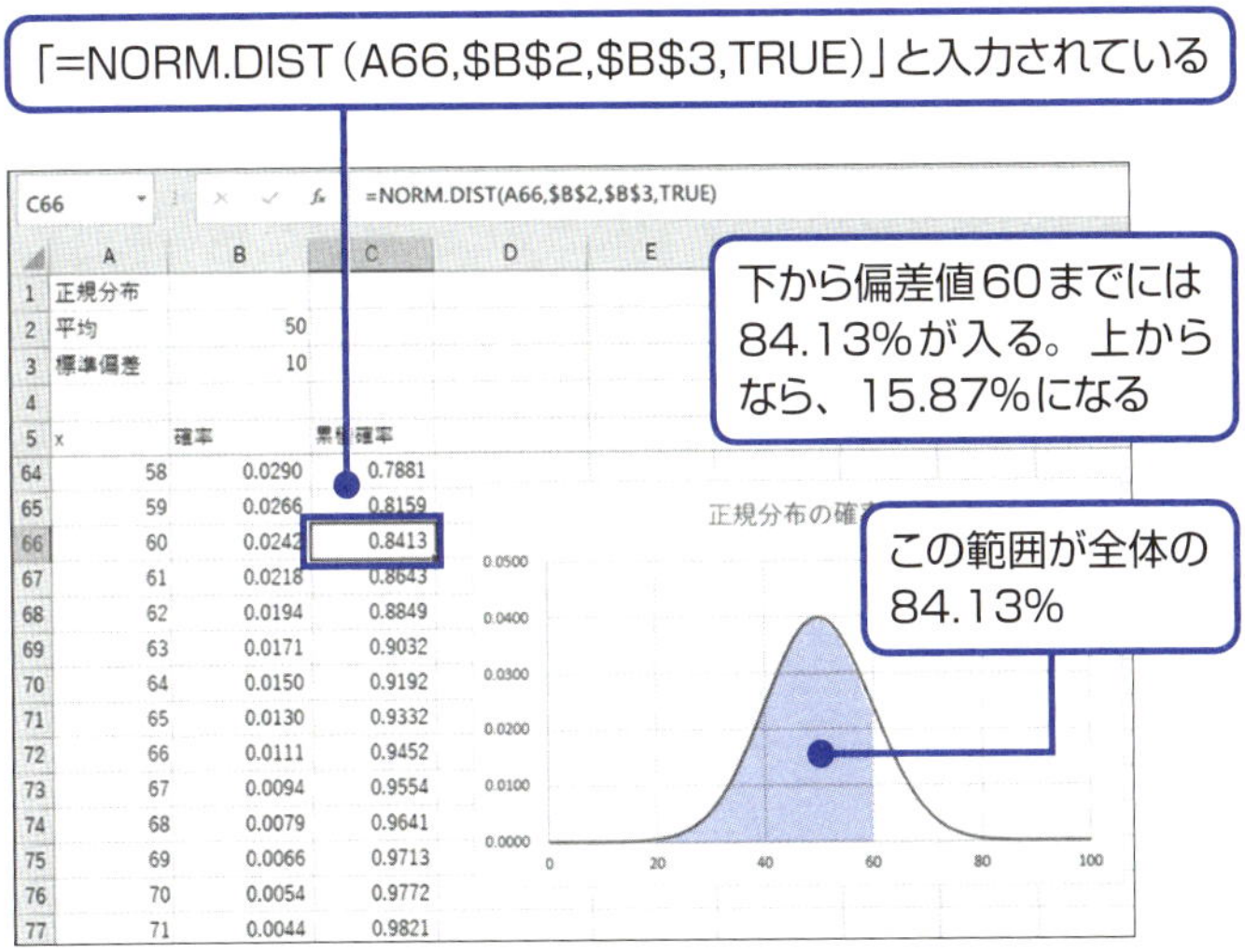

	A	B	C
1	正規分布		
2	平均	50	
3	標準偏差	10	
4			
5	x	確率	累積確率
64	58	0.0290	0.7881
65	59	0.0266	0.8159
66	60	0.0242	0.8413
67	61	0.0218	0.8643
68	62	0.0194	0.8849
69	63	0.0171	0.9032
70	64	0.0150	0.9192
71	65	0.0130	0.9332
72	66	0.0111	0.9452
73	67	0.0094	0.9554
74	68	0.0079	0.9641
75	69	0.0066	0.9713
76	70	0.0054	0.9772
77	71	0.0044	0.9821

- 正規分布の確率や累積確率を求める(NORM.DIST関数)

= NORM.DIST(A66, $B$2, $B$2, TRUE)※1

- A66：xの値
- $B$2：平均μ
- $B$2：標準偏差σ
- TRUE：TRUE：累積確率を求める／FALSE：確率密度を求める※2

※1　μ=50、σ=10の正規分布ならxの値がそのまま偏差値になる

※2　例えばx=60に対する確率密度は0.0242だが、これはちょうど60点になる確率が0.0242という意味ではないことに注意

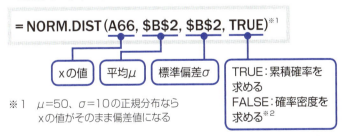

売上金額を元に上位何パーセントの位置にいるかを知る

売上データが正規分布にしたがっていると仮定すれば（実際にそうであるかはわからないが）、NORM.DIST関数を使って自分の売上金額が全体でどの位置にあるかを知ることができる。

必要な値は、平均値と標準偏差なので、事前にAVERAGE関数を使って平均値を求めておき、STDEV.P関数を使って標準偏差を求めておこう。左ページの例では、平均値が約３４００万で、標準偏差が約８５０万である。

例えば、４０００万の売上を上げた場合、上位から見てどの位置にいることになるだろうか。平均値がセルH2に、標準偏差がセルH3に、売上金額がセルH4に入力されているなら、

1－NORM.DIST(H4, H2, H3, TRUE)

と入力すればよい。結果は24パーセントとなる。なお、数式を入力したセルH6には結果が小数で表示されるが、**数値の書式を「パーセントスタイル」にしておけば、結果がパーセント単位**で表示される。

4000万の売上は上位何パーセントの位置であるかを求める

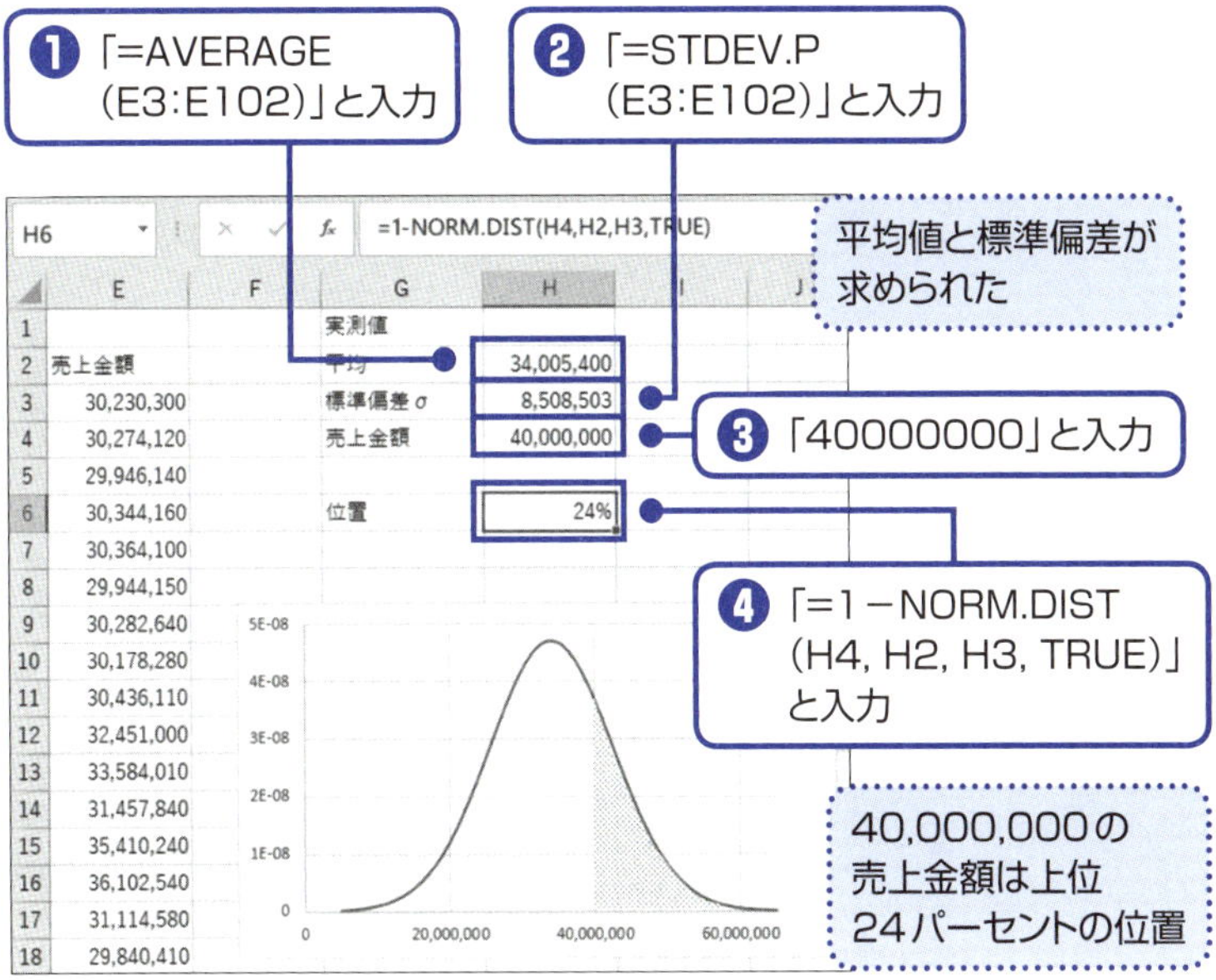

SUMMARY

正規分布では次のことがいえる
- 平均値±標準偏差の範囲に全体の68.27パーセントが含まれる
- 平均値±標準偏差×2の範囲に全体の95.45パーセントが含まれる

上位10パーセントに位置する値はいくらになるだろうか?

これまでは、平均値と標準偏差を元に、ある値が全体の中でどの範囲に入っているのかを求めた。例えば、平均値が約3400万、標準偏差が約850万であれば、4000万の売上は上位から数えて24パーセントの位置にあることがわかった。

次は、その逆の計算をしてみよう。

つまり、上位10パーセントの範囲に入るには、値（偏差値）がいくらであればよいとか、売上がいくらであればよい、といったことを求める。

ここでも、担当者別売上金額のデータを使う前に、平均が50、標準偏差が10という見やすい例で考え方を確認しておこう。この場合、値が60であれば、上から15.87パーセントの位置にあたることはすでに説明した。この逆の計算をしようというわけである。上から15.87パーセントの位置にあたる値はいくらか、ということである。

左ページの上の図では、上位10パーセント（下位からの累積確率が90パーセント）の範囲と、その位置の値を示してある。このように、**累積確率から逆に値を求めるためにはNORM.INV関数を使う**。上位から40パーセントに入るための偏差値は52.53、上位から10パーセントに入るための偏差値は62.82であることがわかる。

全体の何パーセントかの範囲に入るための値は

• 正規分布のグラフ（平均：μ=50、標準偏差：σ=10）

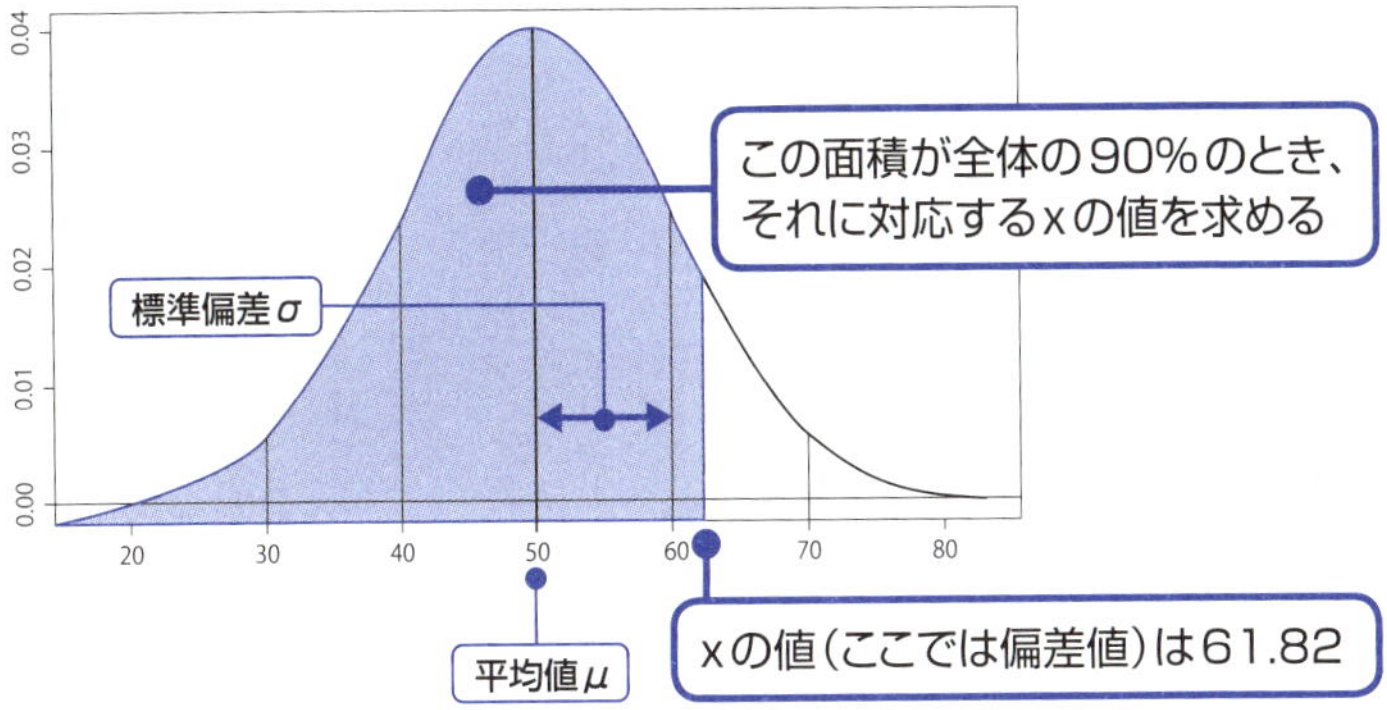

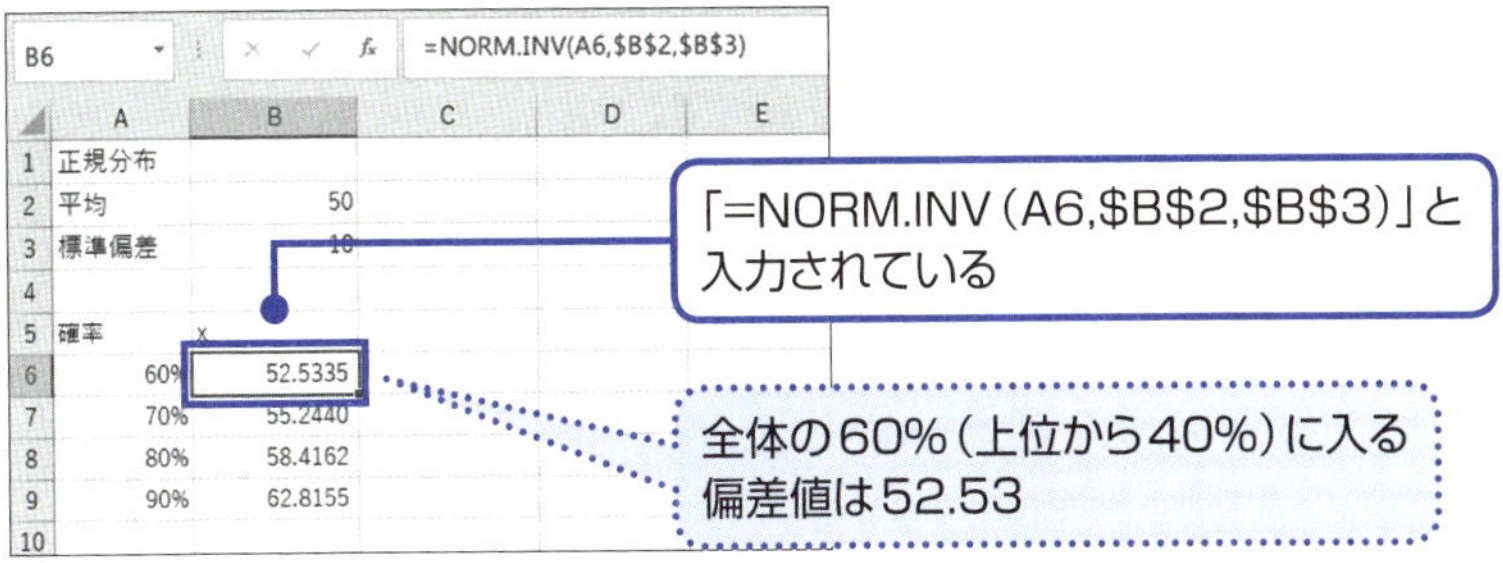

• 正規分布の累積確率に対する値を求める（NORM.INV関数）

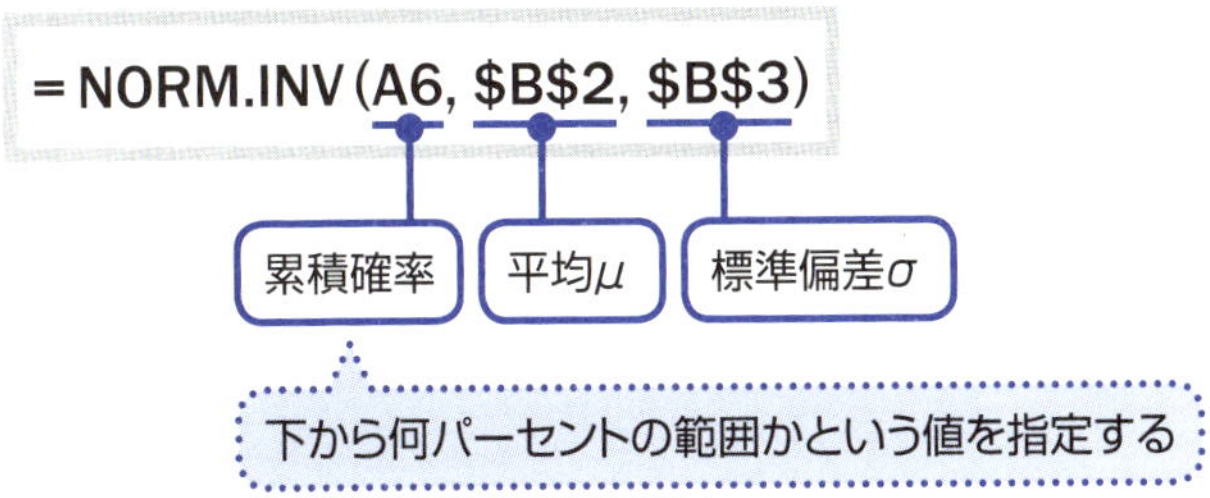

上位10パーセントに入る営業担当者となるためには?

90ページでは単純なデータで累積確率から逆に値を求めた。それと同じ方法で、上から10パーセントの範囲に入る売上金額が求められる。つまり、どれだけの売上を上げると上位10パーセントの成績を収められるかがわかる。

もちろん、前提として、売上データが正規分布にしたがっていると仮定される必要がある。利用する関数はNORM.INV関数である。

担当者別売上一覧では、セルH2に売上金額の平均値を求めるAVERAGE関数が入力されており、セルH3に標準偏差を求めるためのSTDEV.P関数が入力されている。また、上位からの範囲がセルH4に入力されている（ここでは「10％」という値）。

このような例であれば、

=NORM.INV(1－H4, H2, H3)

と入力すればよい。最初の引数には、下位からの範囲（累積確率）を指定するので、1からセルH4の値を引いていることに注意。

結果は4490万9486となり、上位10％に入るには約4500万円以上を売り上げる必要があることがわかる。

上位10パーセントにあたる営業担当者の売上金額を求める

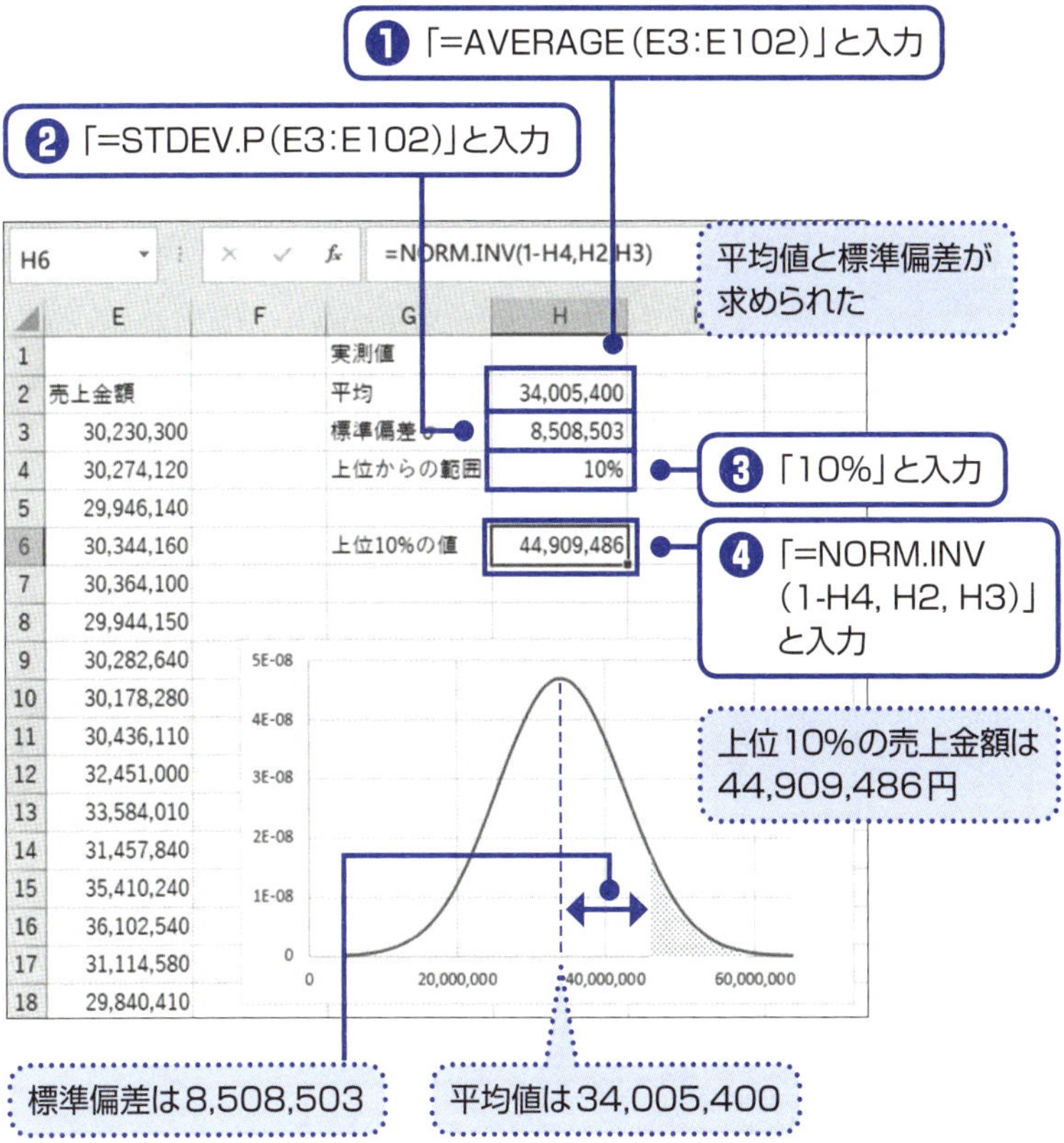

売上金額からパーセント単位での順位を求めるには?

正規分布では平均値近くの頻度が高く、平均値から離れると頻度が低くなる。例えば、偏差値50～60の度数より60～70の度数のほうが少ない。NORM.DIST関数で求めた累積確率は、頻度を元に求めた値であり、平均値までが50パーセントとなる。

しかし、**正規分布が仮定できない場合、順位を元に全体の中でどの範囲に入っているかを求めたほうが適切な場合も多い。**例えば、100人中下位から20位の人は20パーセントの位置にいる。また、200人中下から20位の人は10パーセントの位置になる(正確には値が少し異なるが、それについては96ページ説明する)。

指定した値がパーセント単位でどの位置にあたるかを知りたいときにはPERCENTRANK.INC関数やPERCENTRANK.EXC関数を使う。左ページの例では、売上金額が4000万円の場合、上位何パーセントの位置にいるのかを求めている。ただし、結果は下位から数えた値になるので、上位からの値を求めるには関数の返す値を1から引いておくとよい。

なお、「….EXC」関数では、パーセント単位での順位を0より大きく1より小さい値で表し、「….INC」関数では、パーセント単位での順位を0以上1以下の値で表す。

4,000万円の売上を上げた営業担当者は上位何パーセントの位置にいるのか

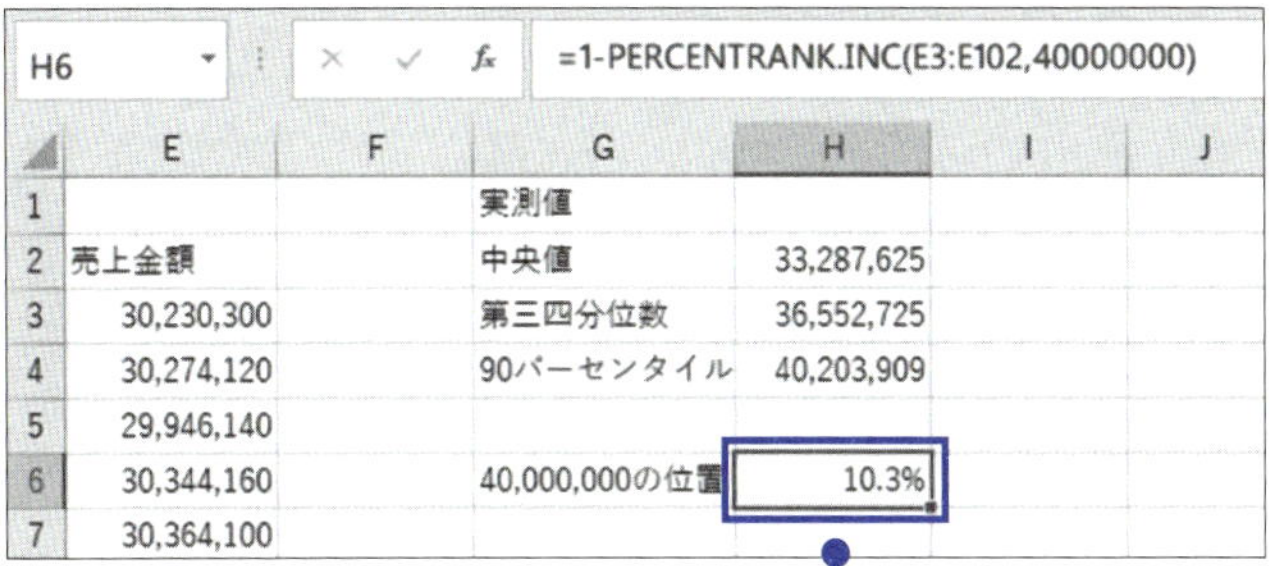
H6 =1-PERCENTRANK.INC(E3:E102,40000000)

	E	F	G	H	I	J
1			実測値			
2	売上金額		中央値	33,287,625		
3	30,230,300		第三四分位数	36,552,725		
4	30,274,120		90パーセンタイル	40,203,909		
5	29,946,140					
6	30,344,160		40,000,000の位置	10.3%		
7	30,364,100					

「=1-PERCENTRANK.INC(E3:E102,40000000)」と入力

40,000,000の売上は順位では10.3%の位置にあることがわかった

- 値を元にパーセント単位での順位を求める（PERCENTRANK.INC関数）

=1－PERCENTRANK.INC(E3:E102, 40000000)

E3:E102：データの範囲
40000000：値

SUMMARY

- 正規分布が仮定できない場合、順位を元に、下位からどれだけの範囲に入っているかをパーセント単位で表すことがある
- 値からパーセント単位での順位（下位から数えた順位）を求めるにはPERCENTRANK.INC関数やPERCENTRANK.EXC関数を使う

上位10パーセントの順位にあたる売上金額を知るには？

94ページでは、数値からパーセント単位で表した順位を求めた。この**パーセント単位での順位に対応する数値のことをパーセンタイルと呼ぶ**。例えば、90パーセンタイルは、下から90パーセントの順位に位置する値を表す。

パーセンタイルはPERCENTILE.EXC関数やPERCENTILE.INC関数で求められる。これらの関数は94ページとは逆の計算を行う。つまり、値からパーセント単位の順位を求めるのではなく、パーセント単位の順位から、それに対応する値を求める。

例えば、100人が試験を受けたとき、10位の人（下からだと90位）の成績が90パーセンタイルになる。ただし、正確には、101人中11位の人の成績が90パーセンタイルとなる。**PERCENTILE.INC関数では、下から数えて1番の値を0パーセンタイルとみなす**からである。下から2番は1パーセンタイル、3番は2パーセンタイル…のように数えれば、91番（上から11番）が90パーセンタイルになる。

パーセンタイルのうち、特に、**25パーセンタイルは第一四分位数と呼ばれ、75パーセンタイルは第三四分位数と呼ばれる**。これらの値はQUARTILE.EXC関数やQUARTILE.INC関数でも求められる。

順位を元にして 上位10パーセントにあたる売上金額を求める

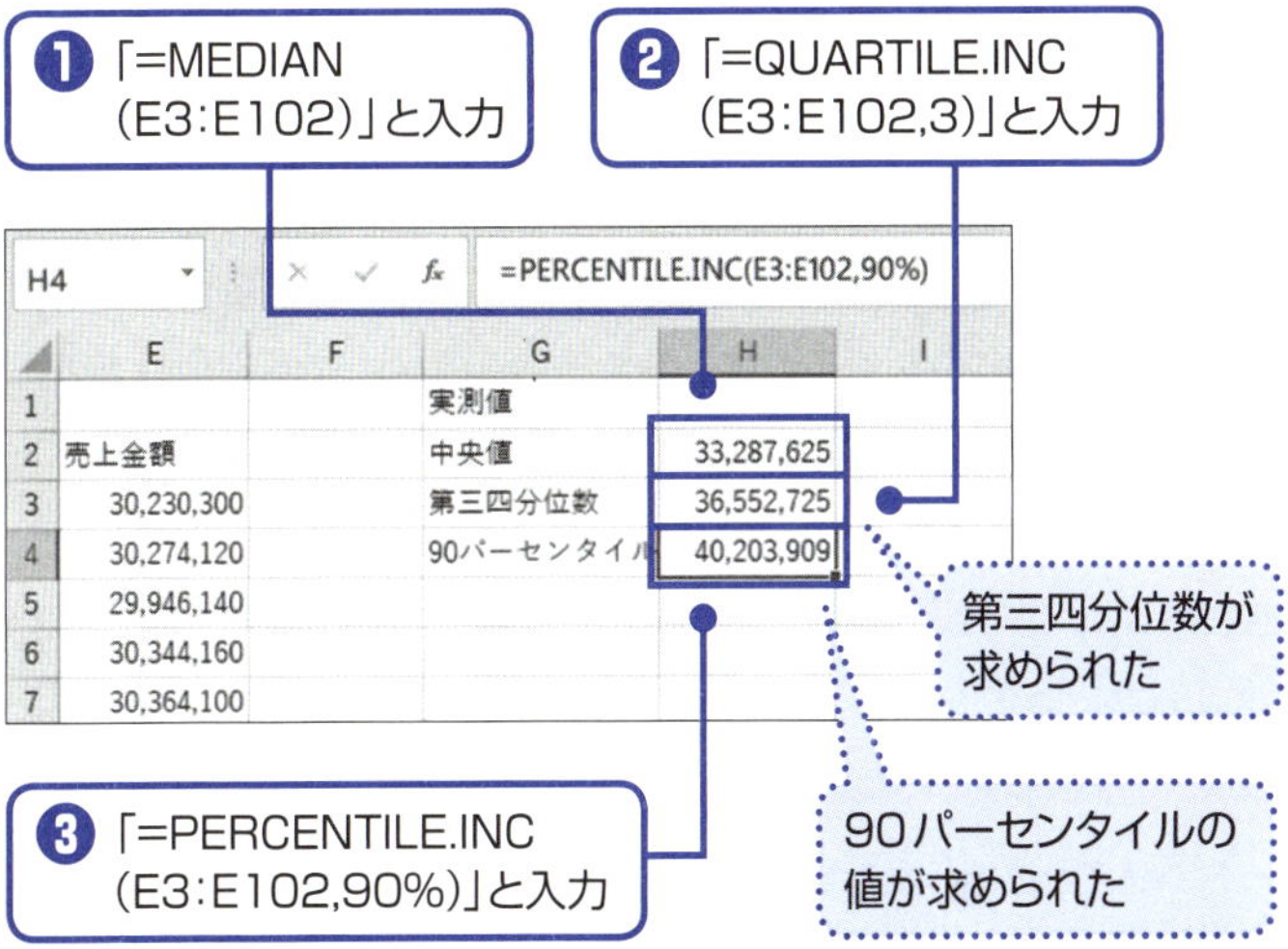

- パーセンタイルを求める（PERCENTILE.INC関数）

= PERCENTILE.INC (E3 : E102, 90%)

E3 : E102：データの範囲
90%：パーセント単位での順位

- 四分位数を求める（QUARTILE.INC関数）

= QUARTILE.INC (E3 : E102, 3)

E3 : E102：データの範囲
3：求める値

0：最小値
1：第一四分位数（25%）
2：中央値（50%）
3：第三四分位数（75%）
4：最大値

COLUMN

統計的仮説検定とは

本書では「大きい」や「差がある」という言葉を厳密な意味で使っていないが、統計学では仮説検定という手法を使って検証する。例えば、２つの群の平均値の差を検定するにはｔ検定と呼ばれる方法が使われ、３群以上では分散分析を利用する。

仮説検定では、「平均値は等しい」といった仮説（帰無仮説）を立て、仮説を棄却しても間違いではないと考えられる確率を求める。確率が５％または１％よりも小さいときには仮説を棄却し、対立仮説である「平均値は異なる」あるいは「一方の平均が大きい」を採用する。

• T.TEST関数によるt検定の例

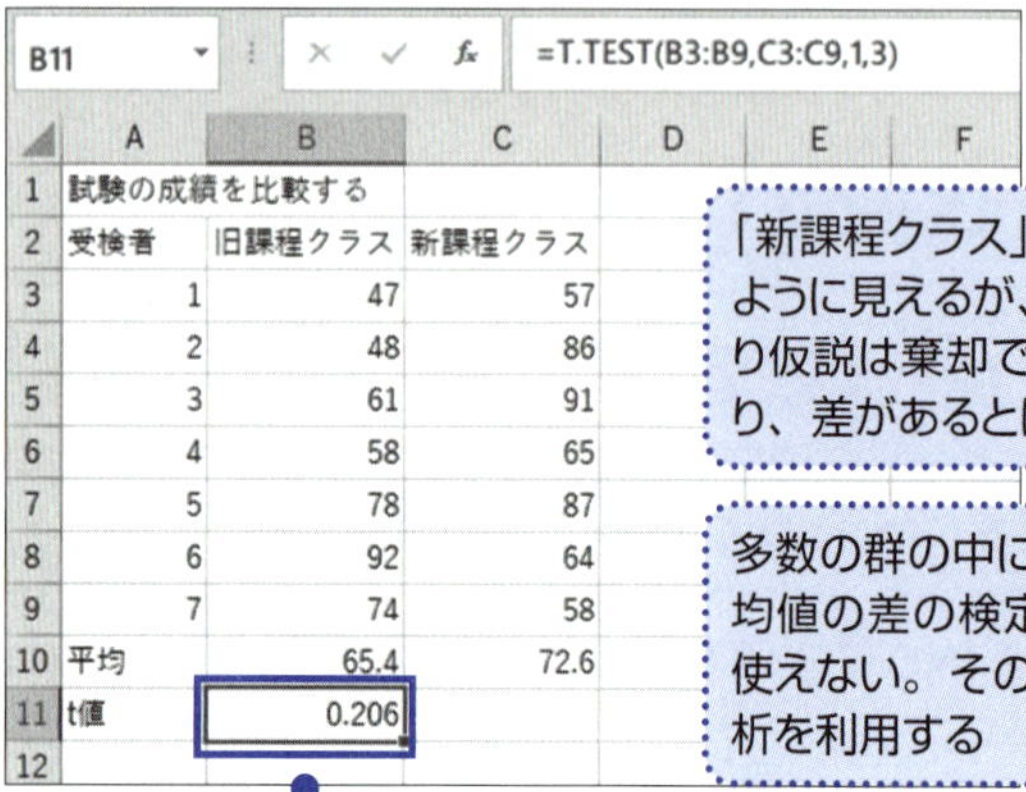
B11　=T.TEST(B3:B9,C3:C9,1,3)

	A	B	C	D	E	F
1	試験の成績を比較する					
2	受検者	旧課程クラス	新課程クラス			
3	1	47	57			
4	2	48	86			
5	3	61	91			
6	4	58	65			
7	5	78	87			
8	6	92	64			
9	7	74	58			
10	平均	65.4	72.6			
11	t値	0.206				
12						

「新課程クラス」の成績がよいように見えるが、20.6%となり仮説は棄却できない。つまり、差があるとはいえない

多数の群の中にある2群の平均値の差の検定にはt検定は使えない。その場合は分散分析を利用する

「=T.TEST（B3：B9,C3：C9,1,3）」と入力

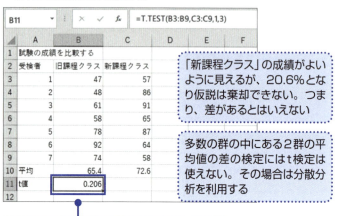

3章

複数の値どうしの関係を調べ、将来の値を予測する

SECTION 13

気温と出荷数の関係を分析し、仕入や在庫管理に役立てよう

必読

気温と清涼飲料水の出荷数には、どんな関係があるだろうか？

これまでは、売上金額など特定の値を元に集団全体の特徴を表したり、その中での各人の位置を表したりする方法を解説してきた。ここからは、いくつかの要因の「関係」に注目していく。

例えば、サンプルデータとして見てきた清涼飲料水の売上（出荷数）は気温と密接に関係しているものと思われる。気温が上がれば、飲料水の出荷数も上がるはずである。このように**ある値と別の値が関連して増減する関係のことを相関関係と呼ぶ**。

また、気温と飲料水の出荷数に関係があるなら、気温と出荷数の関係を表す式が立てられそうである。この式は回帰式と呼ばれる。**回帰式を求めることを回帰分析と呼ぶ**。回帰分析により、ある値から別の値を予測することができる。

第3章では、相関関係や回帰分析の方法を見ていくこととしよう。また、時間的なパターンの変化を分析するための時系列分析も合わせて見ていきたい。

相関関係のイメージと回帰分析のイメージをつかむ

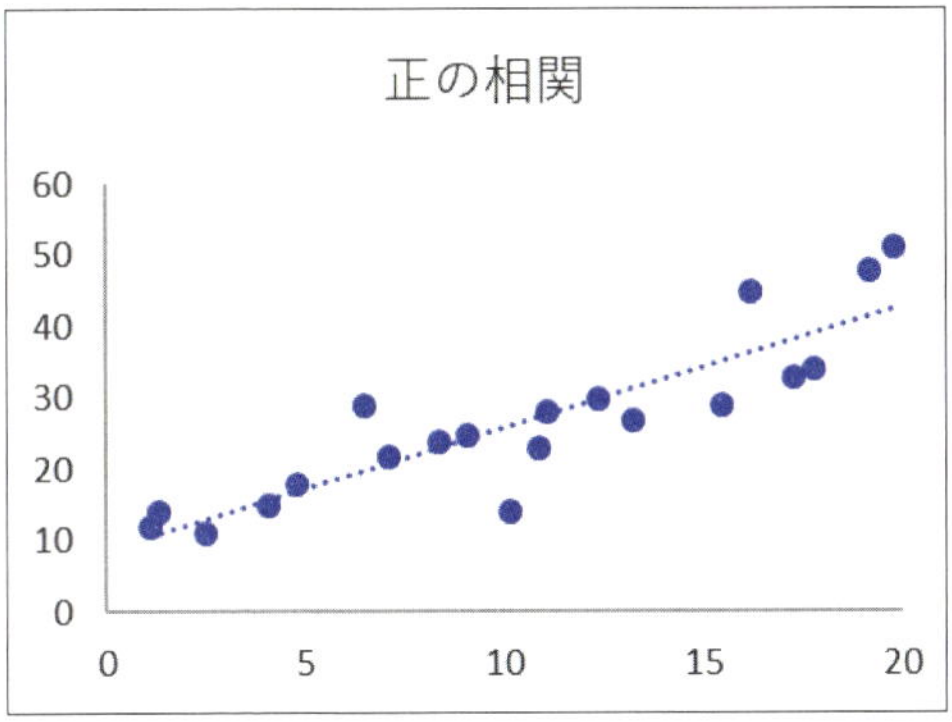

これが相関関係。
このように一方の値が大きくなると他方の値も大きくなる場合もあれば、逆に、他方の値が小さくなることもある

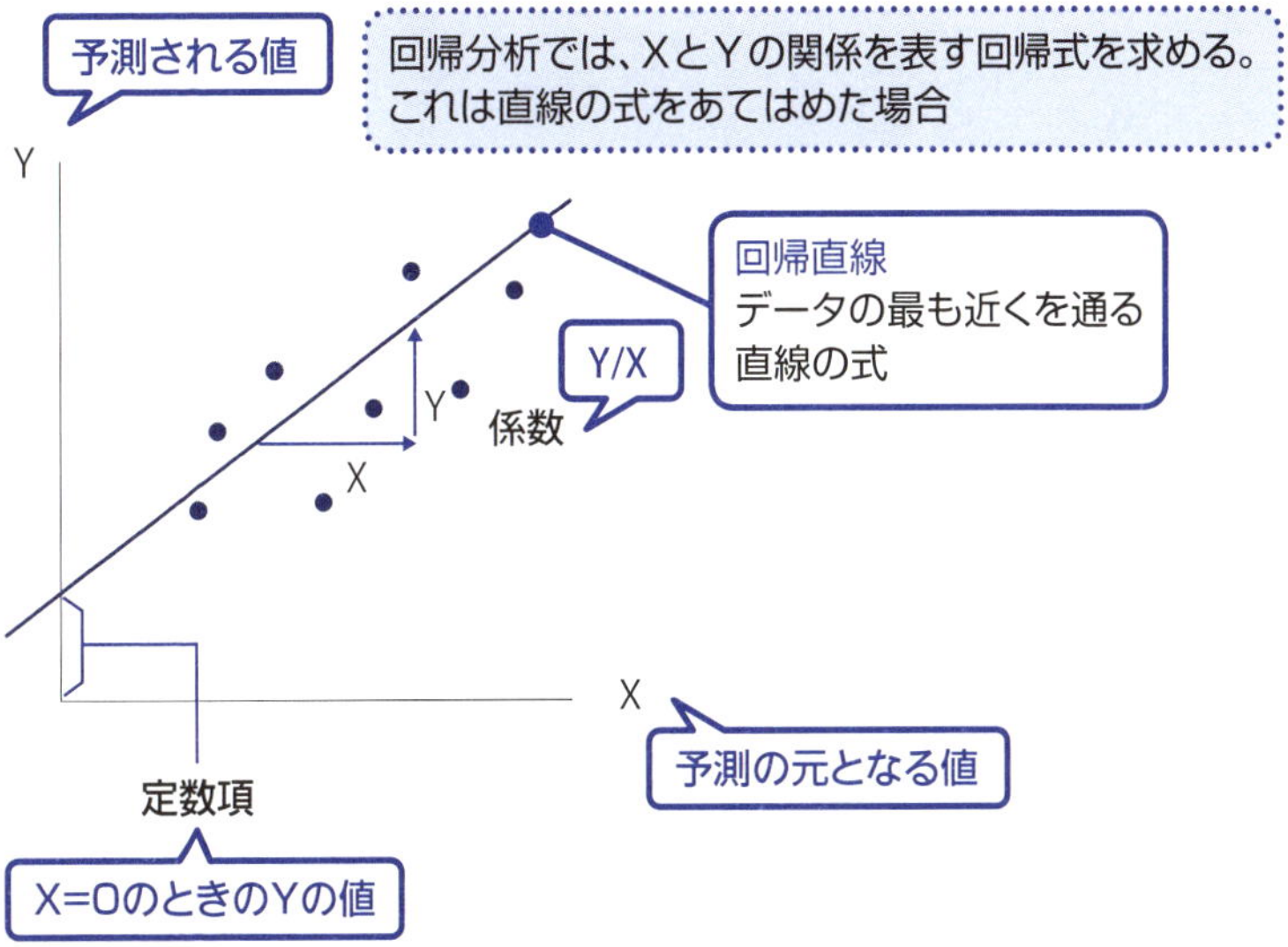

相関関係を求めたり、予測を行ったりするためのデータは？

第3章では、気温と清涼飲料水の出荷数の相関関係を調べ、気温から出荷数を予測する回帰分析を行う。また、長期のデータを使って出荷数の傾向や季節変動などを調べる時系列分析を行う。

これから利用するデータは、主に、東京本社での毎日の気温と、ある商品の出荷数をまとめたものである。気温はB列に入力されており、出荷数はC列に入力されている。なお、日付もA列に入力されている。

相関の強さを表す値は相関係数と呼ばれるが、相関係数を求めたり回帰分析を行ったりするときに利用するデータはいずれの項目も数量を表す値であるということに注意しよう。値の与え方には「晴れならば1と表す」とか「雨ならば-1と表す」といったように、ラベル（名義）に適当な値を割り当てる方法（名義尺度）や、「気温は10箇所の測定地点の中の第4位」のような順位を表す値（順序尺度）などがあるが、**相関係数を求めるには、値が一定の間隔で並んでいる間隔尺度や、間隔尺度に加えて「何もない状態（原点0）」が決まるような比率尺度である必要がある。**

なお、順位を元に相関係数を求める方法もある（116ページ参照）。

項目がどのような尺度であるかに注意する

- 相関係数を求めたり、回帰分析を行ったりするためのデータ

	A	B	C	D	E
1	気温と自然のさわやかレモネード出荷数(上期)				
2	日付	気温	出荷数		
3	4月1日	12.6	21		
4	4月2日	11.6	32		
5	4月3日	12.3	27		
6	4月4日	14.7	27		
7	4月5日	12.0	24		
8	4月6日	14.7	45		
9	4月7日	13.5	36		
10	4月8日	15.2	32		
11	4月9日	18.6	26		
12	4月10日	17.7	24		
13	4月11日	11.7	27		
14	4月12日	10.5	31		
15	4月13日	15.5	44		

気温はB列に入力されている

出荷数はC列に入力されている

気温は間隔尺度、出荷数は比率尺度

- 時系列分析を行うためのデータ（月単位のデータ）

	A	B	C
1	市ヶ谷物産東京本社売上集計表		
2	月	売上	
3	2015年4月	64,300	
4	2015年5月	77,000	
5	2015年6月	96,500	
6	2015年7月	114,200	
7	2015年8月	123,500	
8	2015年9月	94,600	
9	2015年10月	71,200	
10	2015年11月	67,100	
11	2015年12月	70,200	
12	2016年1月	53,800	
13	2016年2月	51,000	
14	2016年3月	59,200	
15	2016年4月	86,900	

年月はA列に入力されている

売上はB列に入力されている

一方の項目は時系列データ

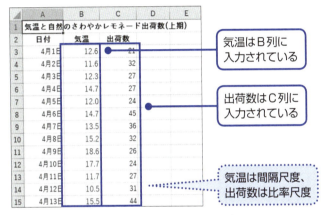

SECTION 14

気温と出荷数の相関関係を詳しく分析してみよう

必読

相関関係には正の相関と負の相関がある

常識的に考えても、気温が上がれば、清涼飲料水の出荷数も増えるはずである。このように、**一方の値が大きくなれば、他方の値も大きくなるような相関関係を「正の相関」と呼ぶ**。

逆に、ゲームで遊んでいる時間と試験の成績のように、**一方の値が大きくなれば、他方の値は小さくなることを「負の相関」と呼ぶ**。また、一方の値が増えたり減ったりしても、他方の値が増えたり減ったりしない場合は「無相関」と呼ばれる。

左ページの図では、それぞれのデータが点で表されており、すべての点のできるだけ近くを通る直線が引かれている。正の相関がある場合にはグラフが右上がりになり、負の相関がある場合にはグラフが右下がりになる。ただし、**グラフの傾きが相関の強さを表すわけではない**ことに注意。正の相関にしても負の相関にしても、**相関が強いということは、それぞれの点が直線の近くに集まっているということである**。

さまざまな相関関係

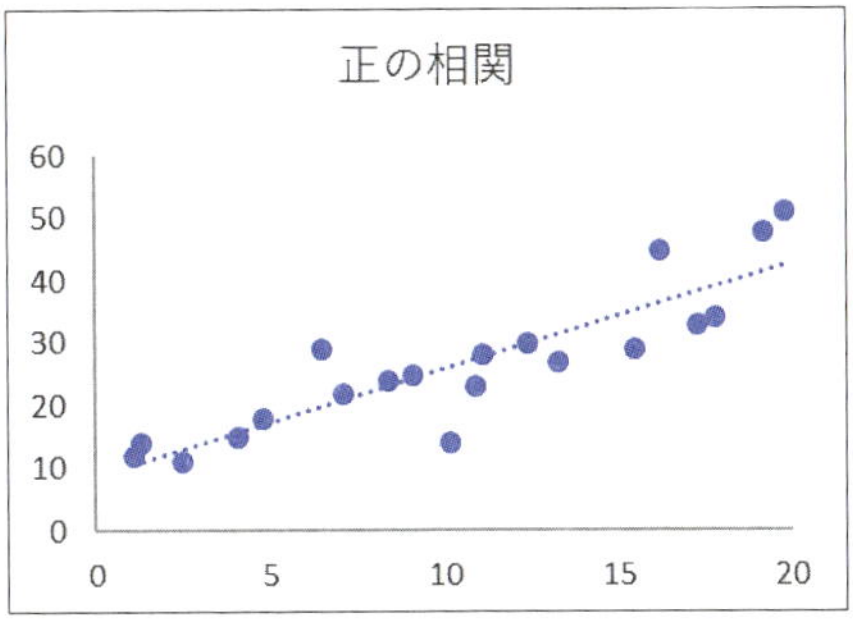

一方の値が大きくなると
他方の値も大きくなる

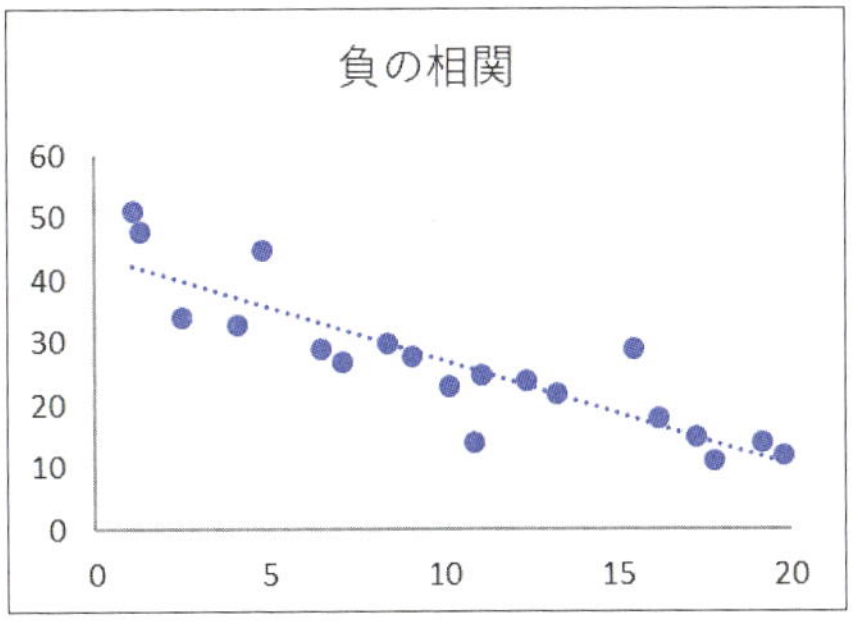

一方の値が大きくなると
他方の値は小さくなる

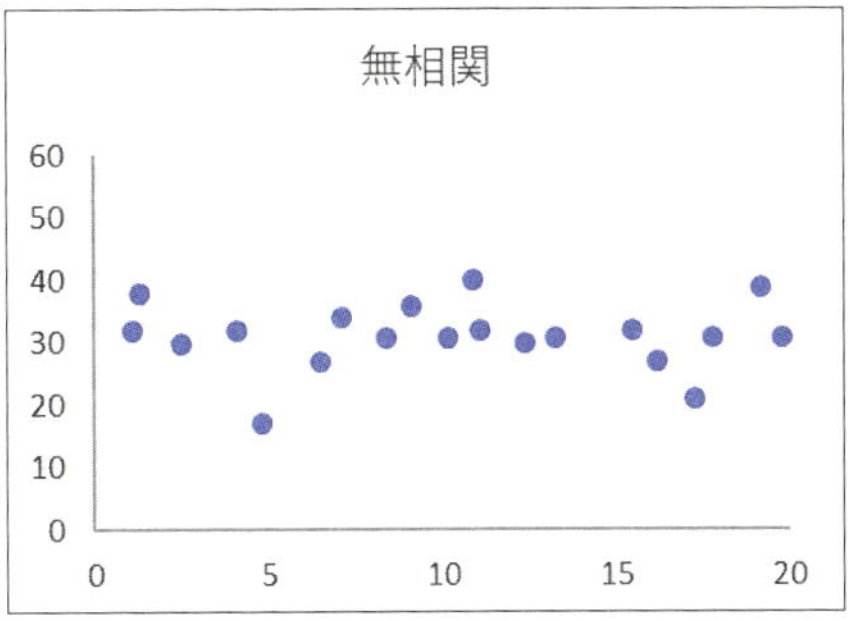

一方の値の増減と
他方の値の増減は無関係

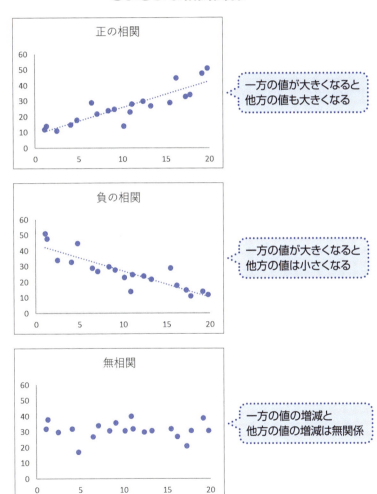

散布図を描いて関係を視覚化する

気温と清涼飲料水の売上に**どういう関係があるか、おおよその感触をつかむためには散布図が役に立つ**。利用するデータは１０３ページで示した東京本社での毎日の気温と、商品の出荷数の表である。

見出しを含めてデータの範囲を選択し、［挿入］タブの［散布図］－［散布図］を選択すれば、気温と出荷数の１つの組が１つの点として示される。左ページの例では、気温が横軸に、出荷数が縦軸になる。

グラフを見ると、20℃以上にばらつきがあるように見えるが、気温が上がると出荷数が増えるという関係、つまり、正の相関がありそうに見える。

さらに、**近似曲線を追加すると、データの近くを通る曲線が描画できる**。近似曲線にはさまざまなものがあるが、ここでは直線的な関係があるものとして、［線形近似］を選択してみよう。

ただし、値の関係は必ずしも直線的であるとは限らない。気温が上がると、細菌が急減に増殖するような場合は、指数近似が適している。また、技術の習得のように、上達するつれ、伸びが鈍る場合には、対数近似が適している。

散布図を使って2つの変数の関係を視覚化する

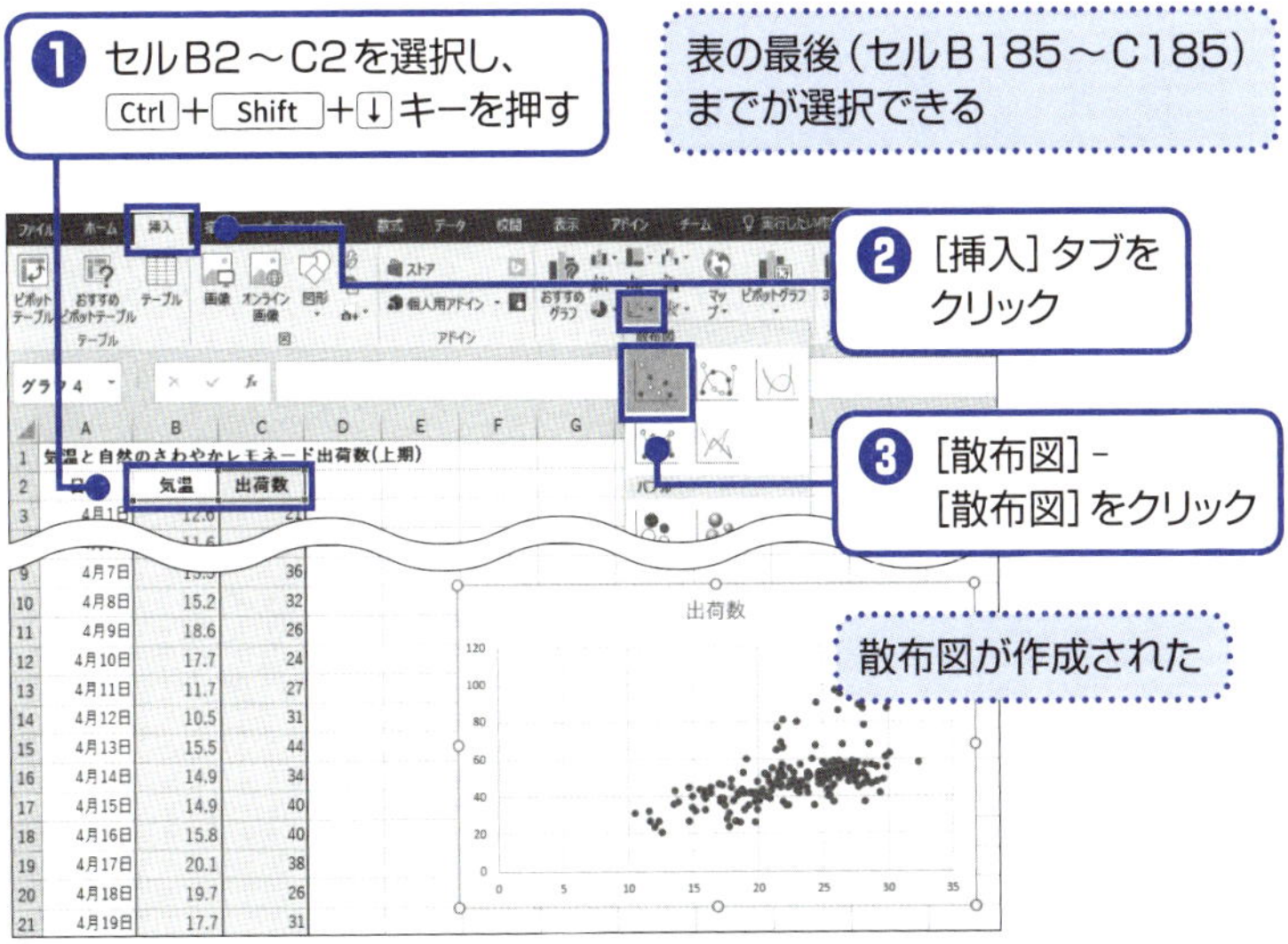

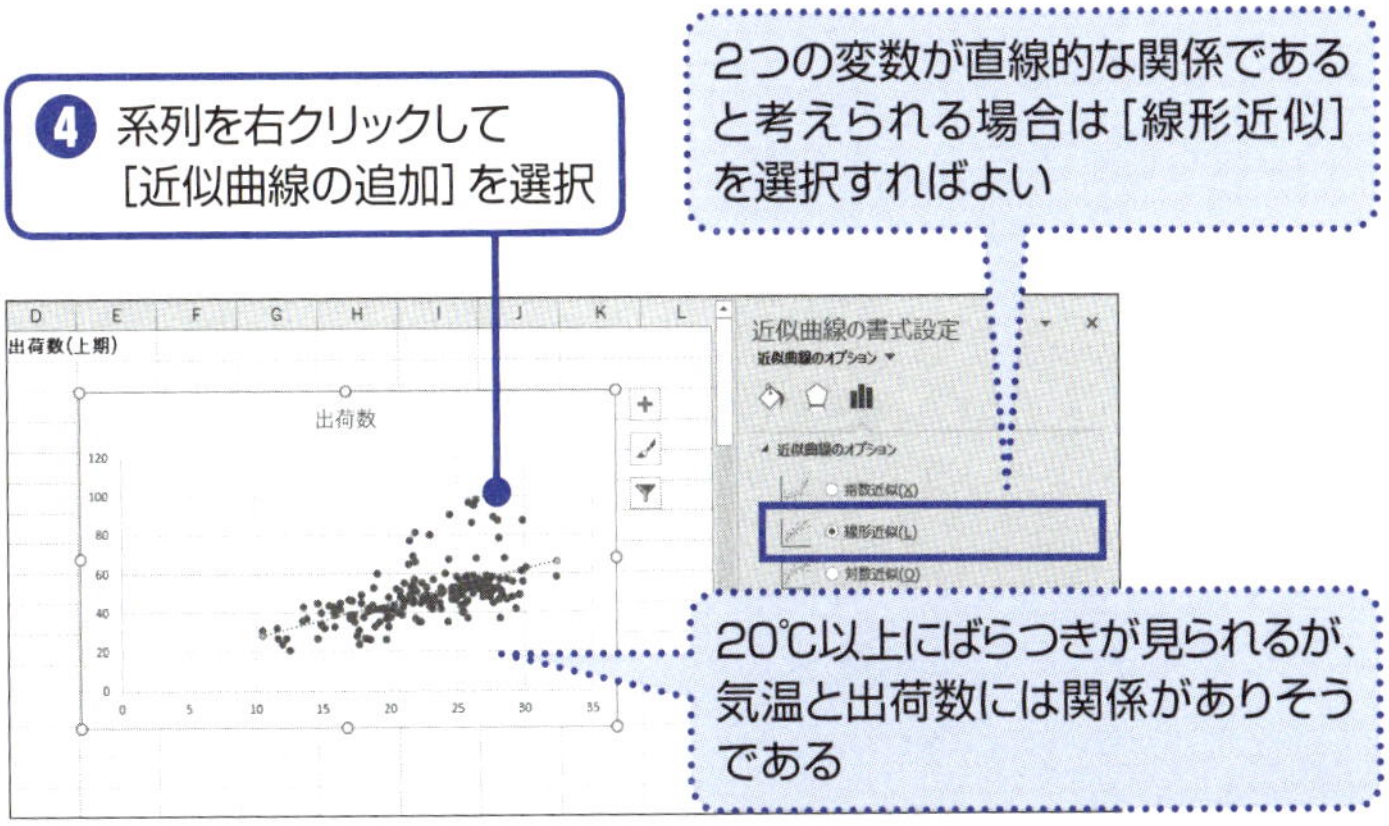

相関係数はかんたんに求められる!

気温と出荷数など2つの変数に関係があるかどうかを数値で表すには相関係数が利用できる。相関係数は-1～1の範囲の値で、次のような意味を持つ。

- 相関係数が1に近い　↓　正の相関が強い
- 相関係数が-1に近い　↓　負の相関が強い
- 相関係数が0に近い　↓　無相関

エクセルでは、CORREL関数を使えば相関係数が求められる。**一般に、相関係数が0.4～0.5以上あれば相関があるものとみなせる**ので、左ページの例では、気温と出荷数には正の相関があるといってよい。とはいえ、強い正の相関でもなさそうである。

この例では、気温のデータはセルB3～B185に、出荷数のデータはセルC3～C185に入力されている。CORREL関数に指定する引数の範囲が広いので、ドラッグ操作で入力するのが難しいかもしれない。

そのような場合、「=CORREL(」まで入力したあと、セルB3をクリックし、Ctrl+Shift+↓キーを押せば、「B3:B185」が自動的に入力される。続いて「,」を入力したあと、「C3:C185」も同様の方法で入力するとよい。

気温と出荷数の相関係数を求める

「=CORREL(B3:B185,C3:C185)」と入力

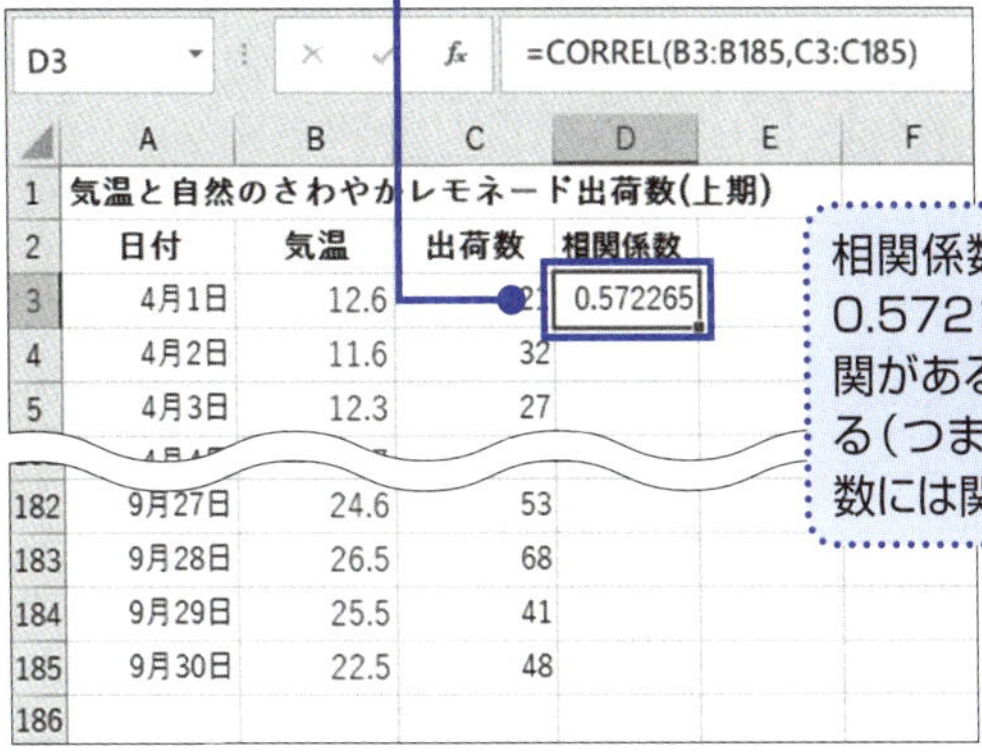

相関係数が求められた。0.572なので、正の相関があるといえそうである(つまり、気温と出荷数には関係がある)

- 相関係数を求める(CORREL関数)

= CORREL(B3:B185, C3:C185)

一方の変数の範囲　他方の変数の範囲

SUMMARY

- 相関係数が1に近い場合は正の相関が強い
- 相関係数が-1に近い場合は負の相関が強い
- 相関係数が0に近い場合は無相関

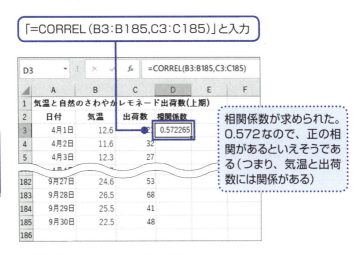

相関関係は因果関係ではないことに注意

相関係数の利用にあたっては、**相関係数は必ずしも因果関係を説明するものではない**ということに注意しよう。例えば、ゲームの利用時間と学力に負の相関があるとしても、ゲームに時間を取られて勉強をしないのか、勉強が苦手だからゲームに逃避しているのかはわからない。

ゲームの例はわかりやすいが、実際には、誤りに気が付かないことも多い。故意に因果関係があるかのように見せる資料などもあるので注意が必要だ。

また、因果関係に見える場合でも、**見かけの相関（疑似相関）にも注意が必要である。**例えば、通学時間と英語検定の成績に正の相関が見られたとしよう。成績が良いということが原因で通学時間が長くなることは考えられないので、通学時間が長いということが原因で、成績がよいことが結果のように思える。通学時間に勉強するからだ、などといった理屈を付ければ、それが確かなことのように思えてしまう。

しかし、本当の原因は、単に、中学生から高校生へと学年が上がり、学習が進んだというだけのことかもしれない。一般に、中学生よりも高校生のほうが、通学時間が長いので、通学時間と英語検定の成績に見かけの相関が現れたというわけである。

見かけの相関（疑似相関）にも注意

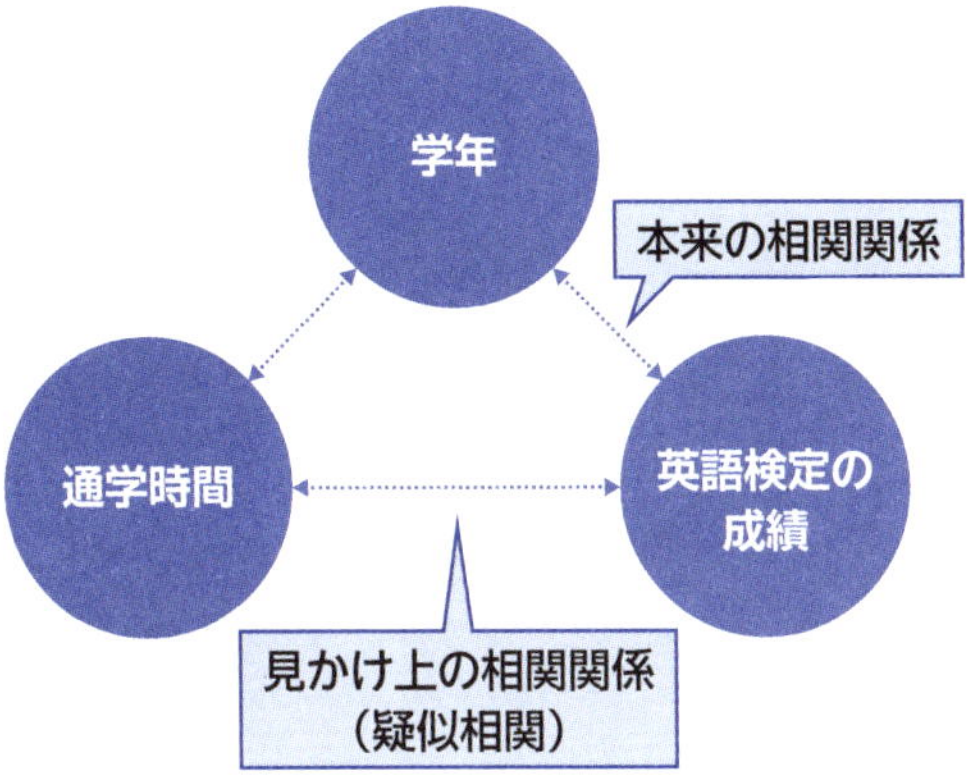

- 通学時間と成績、学年と成績の相関係数を求めてみよう

❶「=CORREL(C3:C12,D3:D12)」と入力

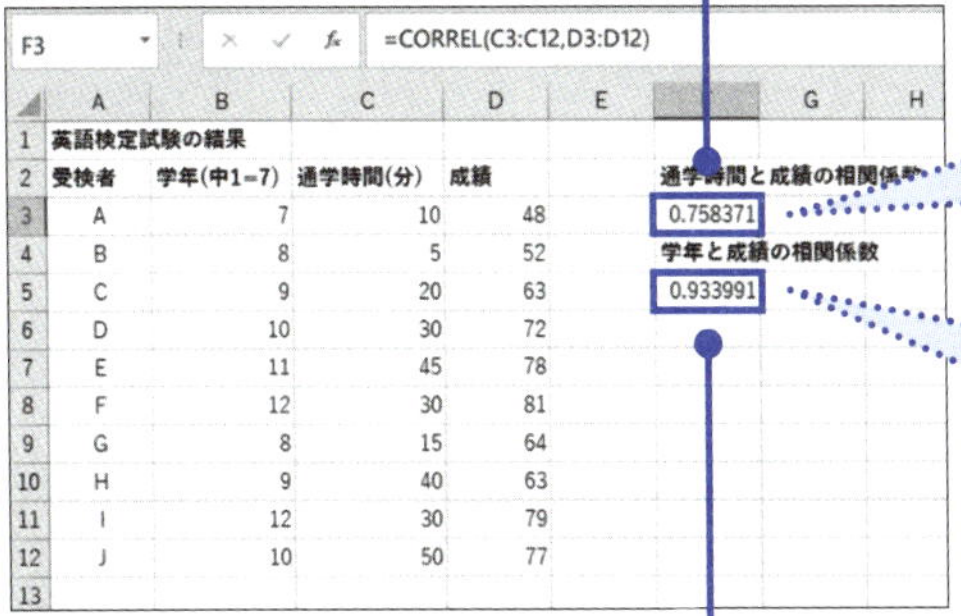

	A	B	C	D	E	F
1	英語検定試験の結果					
2	受検者	学年(中1=7)	通学時間(分)	成績		通学時間と成績の相関係数
3	A	7	10	48		0.758371
4	B	8	5	52		学年と成績の相関係数
5	C	9	20	63		0.933991
6	D	10	30	72		
7	E	11	45	78		
8	F	12	30	81		
9	G	8	15	64		
10	H	9	40	63		
11	I	12	30	79		
12	J	10	50	77		
13						

❷「=CORREL(B3:B12,D3:D12)」と入力

通学時間と成績の相関係数は0.7584だった。正の相関が見られたが、通学時間が原因なのだろうか

学年と成績の相関係数は0.934で、強い正の相関関係が見られる。必ずしも値の大きい方が真の相関とは限らないが、学年と成績に相関関係があるといったほうが妥当だろう

気温と出荷数の関係をさらに詳しく分析する

108ページで求めた気温と清涼飲料水の出荷数との相関係数は0.572だった。正の相関関係はあるようだが、もっと強い相関関係があってもよい気がしないだろうか。

現場で業務に携わっていると経験上わかるのだが、この企業は小売店ではなく卸売業なので、出荷数は消費者に対する販売数ではなく小売店への払い出し数である。清涼飲料水が売れる数日前に小売店から発注があり、それにしたがって出荷する。例えば、週末に小売店の売上が上がるのであれば、木曜日に出荷する必要がある（ものとしよう）。

ということは、特別に出荷数が増える木曜日は、ほかの曜日とは異なる性質を持つようである。そこで試しに木曜日を除外して相関係数を求めてみよう。**WEEKDAY関数を使えば曜日が求められる**ので、木曜日の値を空文字列「""」に置き換え、CORREL関数を使って相関係数を求めるとよい。結果は0.737となり、すべてのデータを使った場合より正の相関が強くなることがわかる。

なお、**CORREL関数では、引数として指定した2つの範囲のデータ数は必ず同数にする**。また範囲内に数値以外のデータがあると、そのデータは計算から除外される。

木曜日のデータを除いて相関係数を求める

• 木曜日を除いて相関係数を求める

❶「=IF(WEEKDAY($A3,1)=5,"",B3)」と入力

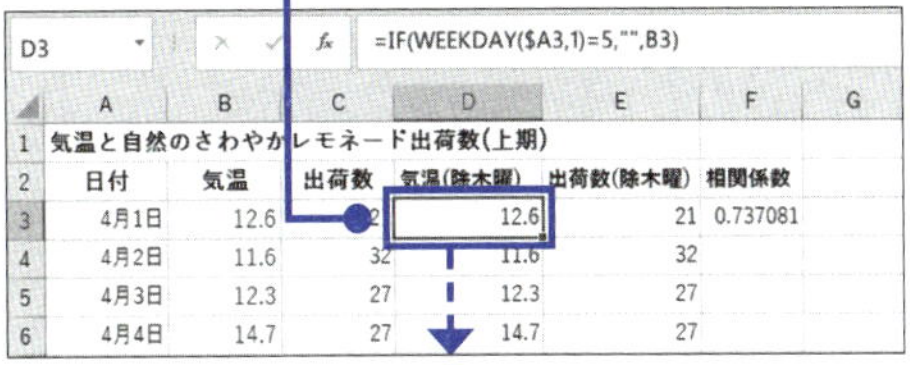

D3 =IF(WEEKDAY($A3,1)=5,"",B3)

	A	B	C	D	E	F	G
1	気温と自然のさわやかレモネード出荷数(上期)						
2	日付	気温	出荷数	気温(除木曜)	出荷数(除木曜)	相関係数	
3	4月1日	12.6	2	12.6	21	0.737081	
4	4月2日	11.6	32	11.6	32		
5	4月3日	12.3	27	12.3	27		
6	4月4日	14.7	27	14.7	27		

セルA3の列番号だけが絶対参照になっていることに注意

木曜日のデータが空文字列("")に置き換えられた

❷ セルD3をセルE3にコピー、さらにセルD3～E3をセルD185～E185までコピーする

❸「=CORREL(D3:D185,E3:E185)」と入力

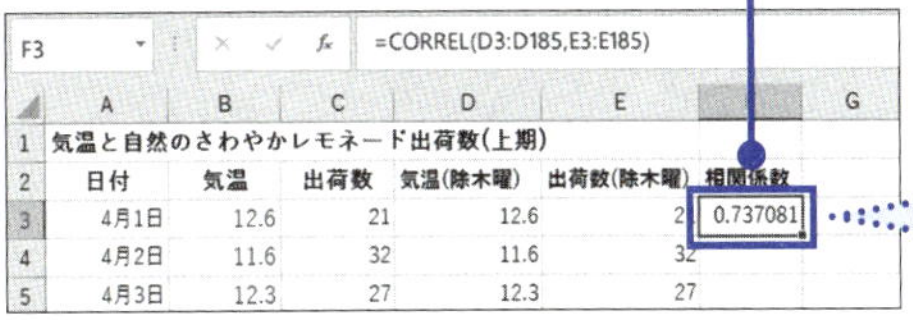

F3 =CORREL(D3:D185,E3:E185)

	A	B	C	D	E	F	G
1	気温と自然のさわやかレモネード出荷数(上期)						
2	日付	気温	出荷数	気温(除木曜)	出荷数(除木曜)	相関係数	
3	4月1日	12.6	21	12.6	2	0.737081	
4	4月2日	11.6	32	11.6	32		
5	4月3日	12.3	27	12.3	27		

相関係数は0.737となった。強い正の相関がある

• 曜日を求める(WEEKDAY関数)

= WEEKDAY($A3, 1)

日付

曜日の求め方(1ならば、日曜日を1とし、土曜日を7とする値が返される。木曜日は5)

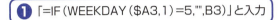

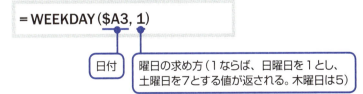

タイムラグも考慮して相関係数を求める

週末の売上増に対応するためには、商品を木曜日に出荷しておく必要があった。112ページでは、出荷数の決め方がほかの曜日とは異なるので、木曜日のデータを除外して相関係数を求めた。

ところで、小売店での販売に合わせて2日前に出荷する必要があるということは、ほかの曜日でも同じではないだろうか。例えば、水曜日に販売する商品は月曜日に出荷しておく必要がある。とすると、出荷数は気温の高い2日前に多くなることが予想される。そこで、日付を2日ずらして相関係数を求めてみよう。例えば、4月3日の気温には4月1日の出荷数が対応するように表を作り、相関係数を求めてみる。左ページのように、結果は0.958となり、きわめて強い正の相関が見られることがわかる。

このように、データの分析にあたっては、単に数式や関数を適用するだけでは不十分である。**背後にあるしくみを十分に観察し、理解したうえで、仮説を立て、その仮説が支持されるかどうかを確かめるために数式や関数を使うべきである。**とりあえず計算してみて、なんらかの特徴が発見できることもあるが、それだけで終わらせずに、さらに掘り下げて考えると、より緻密な分析ができるようになる。

気温と２日前の出荷数の関係を分析する

❶「=IF(WEEKDAY(A3,1)=5,"",C3)」と入力

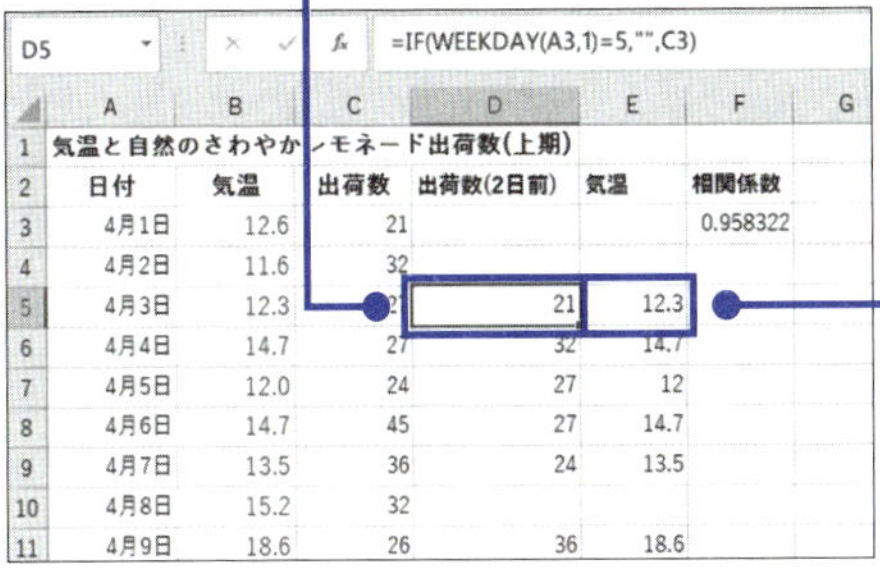
D5 =IF(WEEKDAY(A3,1)=5,"",C3)

	A	B	C	D	E	F	G
1	気温と自然のさわやかレモネード出荷数(上期)						
2	日付	気温	出荷数	出荷数(2日前)	気温	相関係数	
3	4月1日	12.6	21			0.958322	
4	4月2日	11.6	32				
5	4月3日	12.3	27	21	12.3		
6	4月4日	14.7	27	32	14.7		
7	4月5日	12.0	24	27	12		
8	4月6日	14.7	45	27	14.7		
9	4月7日	13.5	36	24	13.5		
10	4月8日	15.2	32				
11	4月9日	18.6	26	36	18.6		

木曜日以外の２日前の出荷数が求められた

❷「=IF(D5="","",B5)」と入力

出荷数が空文字列なら気温も空文字列にしておく

❸セルD5～E5をセルD185～E185までコピー

❹「=CORREL(E3:E185,D3:D185)」と入力

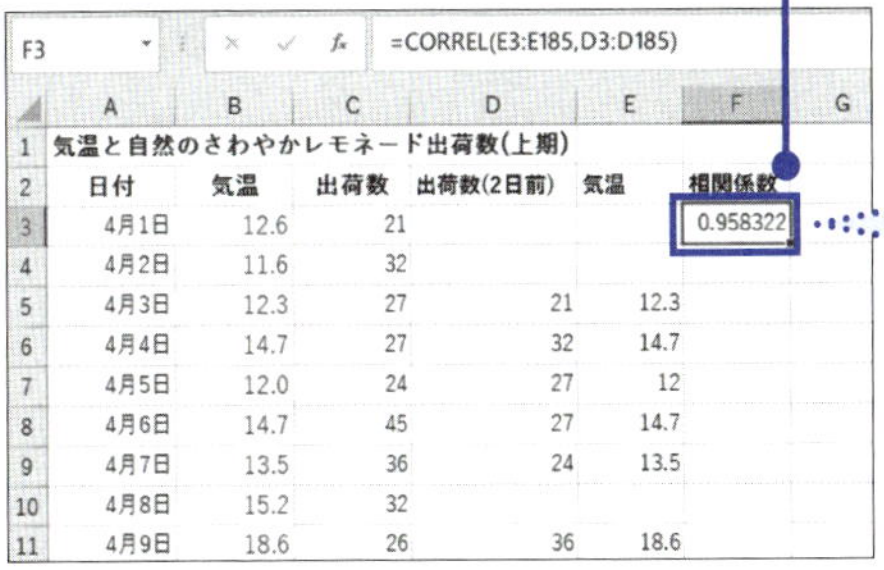
F3 =CORREL(E3:E185,D3:D185)

	A	B	C	D	E	F	G
1	気温と自然のさわやかレモネード出荷数(上期)						
2	日付	気温	出荷数	出荷数(2日前)	気温	相関係数	
3	4月1日	12.6	21			0.958322	
4	4月2日	11.6	32				
5	4月3日	12.3	27	21	12.3		
6	4月4日	14.7	27	32	14.7		
7	4月5日	12.0	24	27	12		
8	4月6日	14.7	45	27	14.7		
9	4月7日	13.5	36	24	13.5		
10	4月8日	15.2	32				
11	4月9日	18.6	26	36	18.6		

相関係数は0.958となった。きわめて強い正の相関がある

順位を元に相関係数を求めることもできる！

これまでは間隔尺度や比率尺度で表される値を元に相関係数を求めたが、そういった数値が使えない場合もある。例えば、プロ野球の実際の順位と評論家の予想がどれぐらいの相関を持つかを求めたい場合などがそれにあたる。このように、**順位を元に求める相関係数のことを順位相関と呼ぶ**。

順位相関にはスピアマンの順位相関とケンドールの順位相関があるが、計算のかんたんなスピアマンの順位相関を見てみよう。

- **対応する値の差を求め、それを二乗する**
- **右の値の合計を求める**
- **「1－6×合計÷（件数×（件数の二乗－1））」を求める**

左ページには2016年のプロ野球（セ・リーグ）の順位と、予想のデータを示してある。A氏とB氏は架空の評論家であるが、A氏の予想は弱い正の相関があり、B氏の予想は強い負の相関がある。どちらかというとA氏の予想が適切で、B氏の予想とは逆の結果になったといえるだろう（むしろ、A氏の予想よりもB氏の予想を逆にしたほうが適切な予想になるともいえる）。もちろん、予想と結果に因果関係はない。

プロ野球の順位と評論家の予想の関係を分析する

・スピアマンの順位相関を求める

❶「=($B4-C4)^2」と入力

❷セルF4をセルF5～F9、セルG4～G9にコピーしておく

F12　=1-6*F10/(F11*(F11^2-1))

	A	B	C	D	E	F	G
1	プロ野球の成績(2016年セ・リーグ)と評論家の予想						
2						差の二乗	
3	チーム	順位	A氏予想	B氏予想		A氏	B氏
4	広島	1	3	5		4	16
5	巨人	2	2	4		0	4
6	DeNA	3	5	6		4	9
7	阪神	4	4	3		0	1
8	ヤクルト	5	1	1		16	16
9	中日	6	6	2		0	16
10					合計	24	62
11					件数	6	6
12					順位相関	0.314	-0.771
13							

順位と予想の差の二乗がすべて求められた

❸「=SUM(F4:F9)」と入力

❹「=COUNT(C4:C9)」と入力

❺「=1-6＊F10/(F11＊(F11^2-1))」と入力

❻セルF10～F12をセルG10～G12にコピーしておく

順位相関が求められた。A氏の予想のほうが適切なようである

SUMMARY

➡ 順位を表す値（順序尺度）を使った相関係数は順位相関と呼ばれる

➡ 順位相関にはスピアマンの順位相関やケンドールの順位相関がある

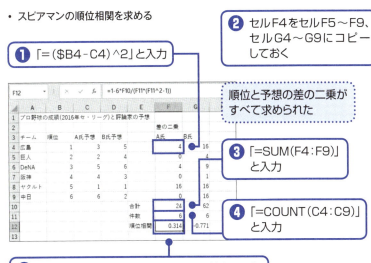

SECTION 15

回帰分析によって気温から出荷数を予測しよう

必読

数値による分析が経験知に加われば最強！

気温と出荷数に正の相関があることはわかったが、実務的には気温から出荷数を予測できれば、仕入や在庫の適正化が図れる。そういった感覚は経験の中でわかることかもしれないが、拠り所となる数値はあったほうがよい。例えば、経験の浅い担当者に替わったときにも、一定の水準で業務が進められるはずだ。

このような**予測を行うには回帰分析と呼ばれる方法が使える**。回帰分析とはデータの最も近くを通る曲線を求めることと考えればよい。最も単純なのは直線を当てはめる方法である。この直線は回帰直線と呼ばれる。

直線の式がわかれば、気温（X）を指定するだけで、出荷数（Y）が求められる。なお、このようにXによってYを説明する場合、Xのことを説明変数と呼び、Yのことを目的変数と呼ぶ。また、**1つの説明変数を元に目的変数の値を予測する方法のことを「単回帰分析」と呼ぶ**。

回帰分析の考え方を知る

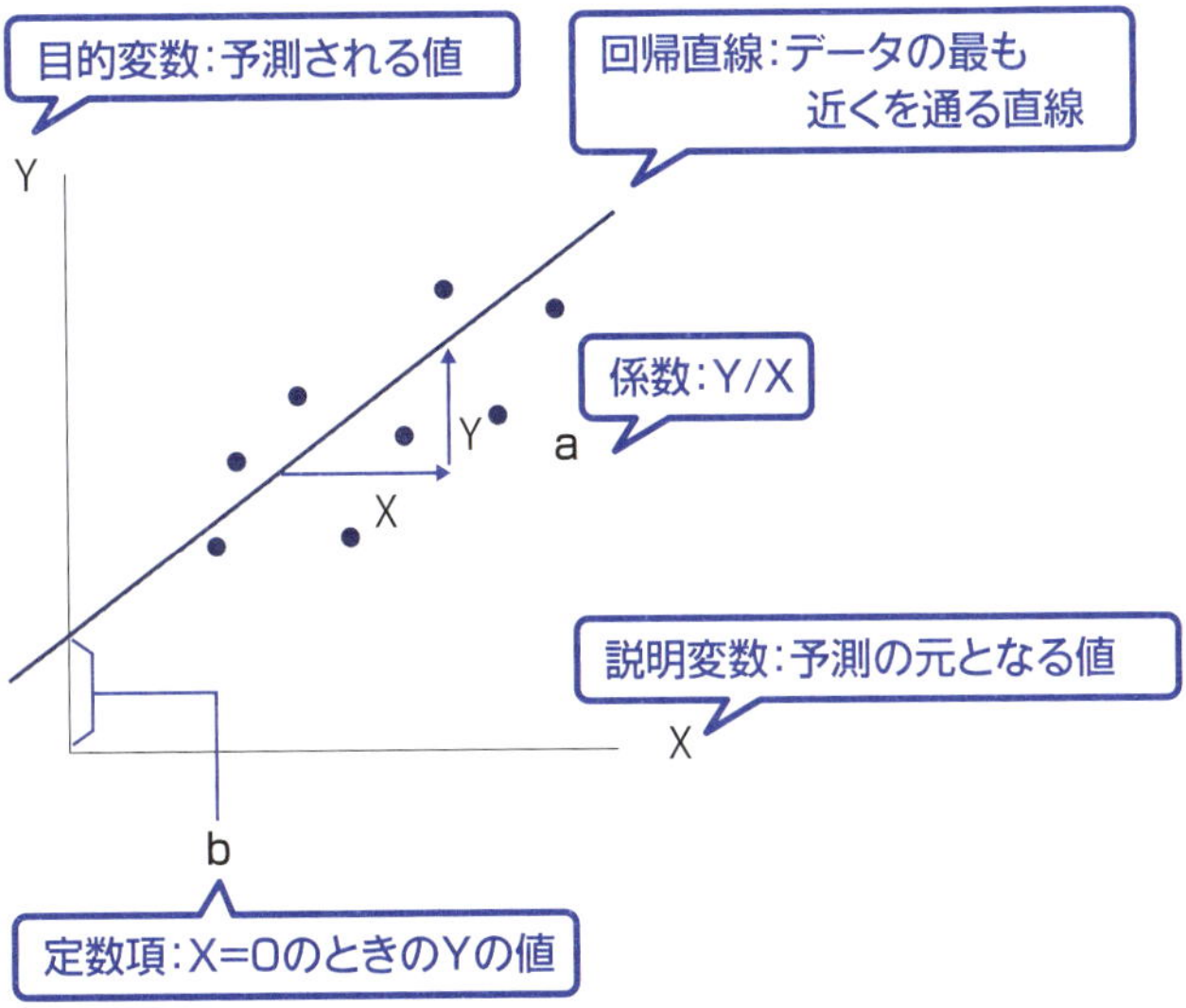

Xがわかれば、Yが予測できる

SUMMARY

回帰分析の手順

- これまでに得られたデータ(目的変数Yと説明変数Xの値)から回帰直線の係数(傾き)aと定数項(切片)bを求める
- 予測に使いたい値を回帰直線のXに代入する
- Yの値を求める。Yが予測結果となる

回帰直線の係数を求めれば、直線の傾きがわかる

単回帰の回帰直線の式は、係数aと定数項bによって決まる。これらの値を使って直線の式を表すと、

Y = aX + b

となる。これは、中学校の数学で学んだ直線を表す式そのものである。係数は直線の傾き、定数項は切片（Xが0のときのYの値）と考えてよい。

では、係数aの値から求めてみよう。**回帰直線の係数aはSLOPE関数を使って求める。**SLOPE関数はこれまでに得られたデータを元に、データのできるだけ近くを通る直線を求め、その係数を返してくれる。**SLOPE関数にはこれまでに得られた目的変数Yの値と説明変数Xの値を指定すればよい。**このとき、目的変数Yと説明変数Xの順序を逆にすると正しい結果が得られないので注意しよう。

左ページの表は115ページの表から木曜日以外のデータ（気温と2日前の出荷数）だけを抜き出したものである。SLOPE関数の引数としては、目的変数Yに「出荷数」の値を指定し、説明変数Xに「気温」の値を指定すればよい。結果は1.94となり、気温が1℃上がると、出荷数が1.94ケースだけ増えることがわかる。

回帰直線の係数を求める

木曜日以外の気温と、2日前の出荷数の一覧。
156行目まで入力されている

「=SLOPE(C2:C156,B2:B156)」と入力

E4 =SLOPE(C2:C156,B2:B156)

	A	B	C	D	E	F
1	日付	気温	出荷数(2日前)		相関係数	
2	4月3日	12.3	21		0.958322	
3	4月4日	14.7	32		係数	
4	4月5日	12	27		1.935133	
5	4月6日	14.7	27		定数項	
6	4月7日	13.5	24		1.654387	
7	4月9日	18.6	36			
8	4月10日	17.7	32			

出荷数が目的変数、
気温が説明変数となる

回帰直線の係数は1.94となった
気温が1℃上がると出荷数が1.94
ケース増える

- 回帰直線の係数を求める（SLOPE関数）

=SLOPE(C2:C156, B2:B156)

既知のYの範囲（C2:C156）

既知のXの範囲（B2:B156）

Yは目的変数、Xは説明変数。Xによって
Yを説明する、と考えるとよい

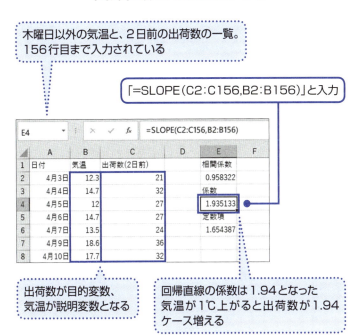

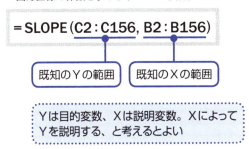

回帰直線の定数項はXが0のときのYの値

回帰直線の定数項bはINTERCEPT関数で求められる。 定数項（切片）とはXが0のときのYの値である。つまり、回帰直線とY軸の交点にあたる。**INTERCEPT関数にもこれまでに得られた目的変数の値と説明変数の値を指定する。** 左ページのようにして求めてみると、定数項の値は1.65となる。

前ページのSLOPE関数で求めた係数は1.94であった。したがって、回帰直線の式は

Y = 1.94 × X + 1.65

となる。Yは出荷数、Xは気温なので、わかりやすく書くと、

出荷数 = 1.94 × 気温 + 1.65

となる。**回帰直線の式が求められたら、未知の値についても予測ができる。** 例えば、気温が20℃のときの出荷数は、右の式の「気温」に20を代入すれば求められる。計算してみると、

1.94 × 20 + 1.65 = 40.45

となる。特別な事情がなければ、気温が20℃のときに約40ケースの出荷数があることが予測できる（実際に予測した結果については、124ページを参照）。

係数と定数項から回帰直線の式を求める

木曜日以外の気温と、2日前の出荷数の一覧。156行目まで入力されている

「=INTERCEPT(C2:C156,B2:B156)」と入力

E6　=INTERCEPT(C2:C156,B2:B156)

	A	B	C	D	E	F
1	日付	気温	出荷数(2日前)		相関係数	
2	4月3日	12.3	21		0.958322	
3	4月4日	14.7	32		係数	
4	4月5日	12	27		1.935133	
5	4月6日	14.7	27		定数項	
6	4月7日	13.5	24		1.654387	
7	4月9日	18.6	36			
8	4月10日	17.7	32			

出荷数が目的変数、気温が説明変数となる

回帰直線の定数項は1.65となった
回帰直線は出荷数＝1.94×気温＋1.65

- 回帰直線の定数項を求める（INTERCEPT関数）

```
=INTERCEPT(C2:C156, B2:B156)
```

C2:C156：既知のYの範囲

B2:B156：既知のXの範囲

Yは目的変数、Xは説明変数。XによってYを説明する、と考えるとよい

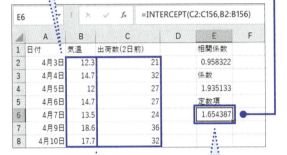

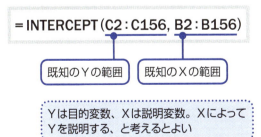

回帰直線を使って、気温が20℃のときの出荷数を予測する

１２０～１２３ページで見たように、SLOPE関数とINTERCEPT関数を使えば、回帰直線の式（係数と定数項）が求められ、未知の値から結果が予測できる。１２１、１２３ページでは、気温が20℃のときの出荷数を予測した。

エクセル２０１６では、係数と定数項を個別に求めなくても、**元のデータから回帰直線を導き出して予測を行うFORECAST.LINEAR関数も利用できる。**

=FORECAST.LINEAR(E9, C2:C165, B2:B165)

と入力してみよう。最初のE9が予測に使うXの値（つまり予測に使いたい気温）、次の「C2:C165」が既知のY（すでにわかっている出荷数）、最後の「B2:B165」が既知のX（すでにわかっている気温）である。当然のことながら、結果はSLOPE関数とINTERCEPT関数を使って求めた式を適用した場合と同じである。

いずれの方法を使うにしろ、**回帰直線を使って予測を行っても、２つの変量の関係が直線的でない場合は、適切な結果が得られない**ことに注意が必要である。また、説明変数Xの値によって目的変数Yの値が決まるので、FORECAST.LINEAR関数でも、Xの範囲とYの範囲を逆にしないように注意しよう。

回帰分析によって気温から出荷数を予測する

気温はセルB2～B165に、出荷数はセルC2:C165に入力されている

回帰直線の係数はセルE4に、定数項はセルE6に求められている

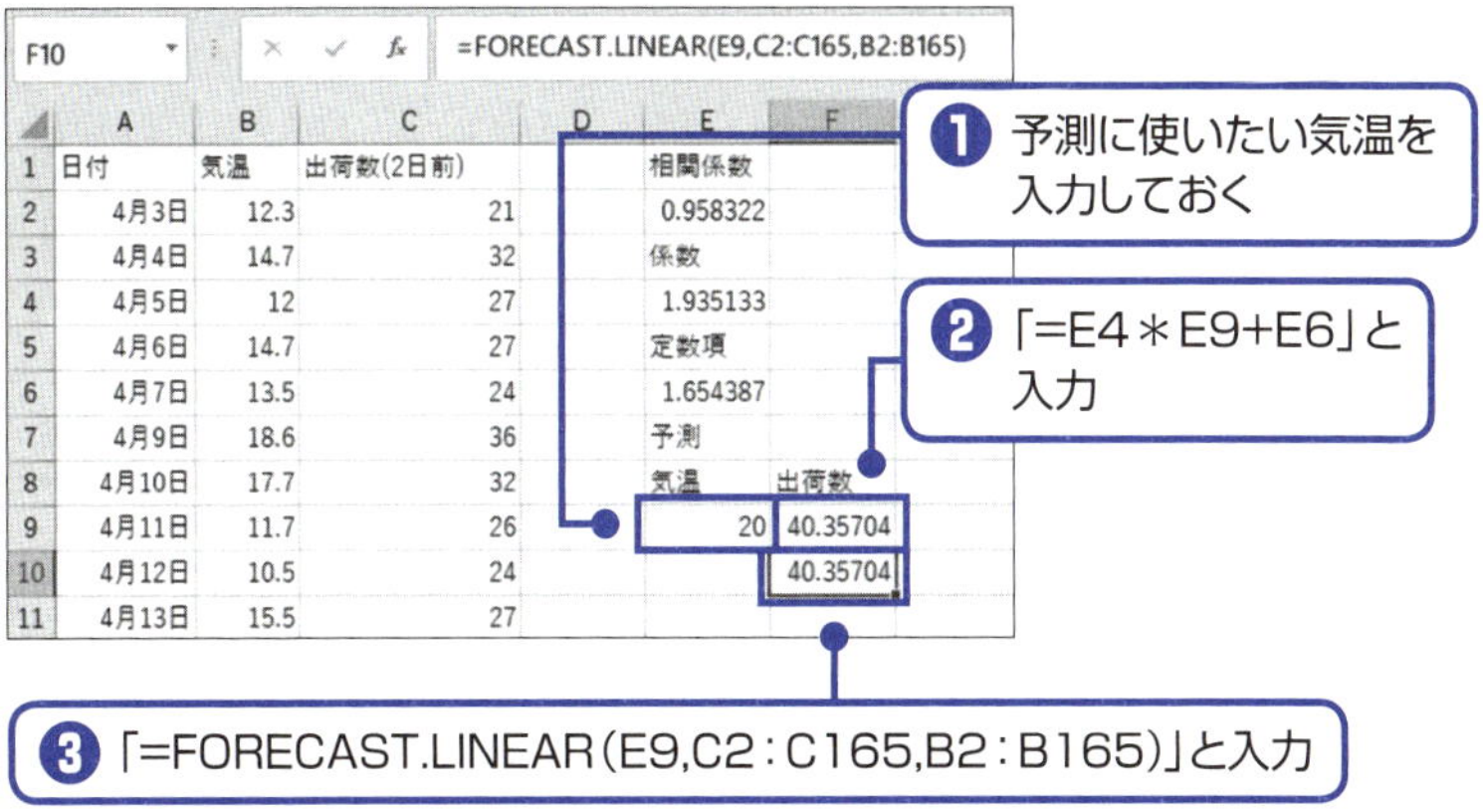

F10
=FORECAST.LINEAR(E9,C2:C165,B2:B165)
❶ 予測に使いたい気温を入力しておく
❷「=E4＊E9+E6」と入力
❸「=FORECAST.LINEAR(E9,C2：C165,B2：B165)」と入力

	A	B	C	D	E	F
1	日付	気温	出荷数(2日前)		相関係数	
2	4月3日	12.3	21		0.958322	
3	4月4日	14.7	32		係数	
4	4月5日	12	27		1.935133	
5	4月6日	14.7	27		定数項	
6	4月7日	13.5	24		1.654387	
7	4月9日	18.6	36		予測	
8	4月10日	17.7	32		気温	出荷数
9	4月11日	11.7	26		20	40.35704
10	4月12日	10.5	24			40.35704
11	4月13日	15.5	27			

いずれの方法でも同じ値になった

気温が20℃のときの出荷数が予測できた（小数点以下が122ページの値と異なるのは四捨五入による誤差）

- 回帰分析により将来の値を予測する（FORECAST.LINEAR関数）

= FORECAST.LINEAR(E9, C2：C165, B2：B165)

E9：予測に使うX
C2：C165：既知のYの範囲
B2：B165：既知のXの範囲

SECTION 16

勤続年数と残業時間によって売上金額を予測しよう

プラスα

さまざまな要因を考慮して予測する

118～124ページでは、気温を元に出荷数を予測した。このように、1つの説明変数を元に目的変数の値を予測する方法のことを単回帰分析と呼んでいる。

しかし、実際には**たった1つの要因ですべてが決まるわけではなく、複数の要因が影響してくる**ことが多い。例えば、担当者の勤続年数と残業時間という2つ（あるいはもっと多く）の要因を元に売上金額が予測できないか、といったことが考えられる。

そのような場合に使うのが重回帰分析である。**重回帰分析では複数の説明変数を元に目的変数の値を求める**。重回帰分析の回帰式は、

$$Y = aX_1 + bX_2 + c$$

となる。Yが目的変数で、X_1とX_2が説明変数である。aとbはそれぞれの係数で、cは定数項となる。先ほどの例でいえば、X_1が「勤続年数」にあたり、X_2が「残業時間」にあたることがわかるだろう。

重回帰分析の考え方を知ろう

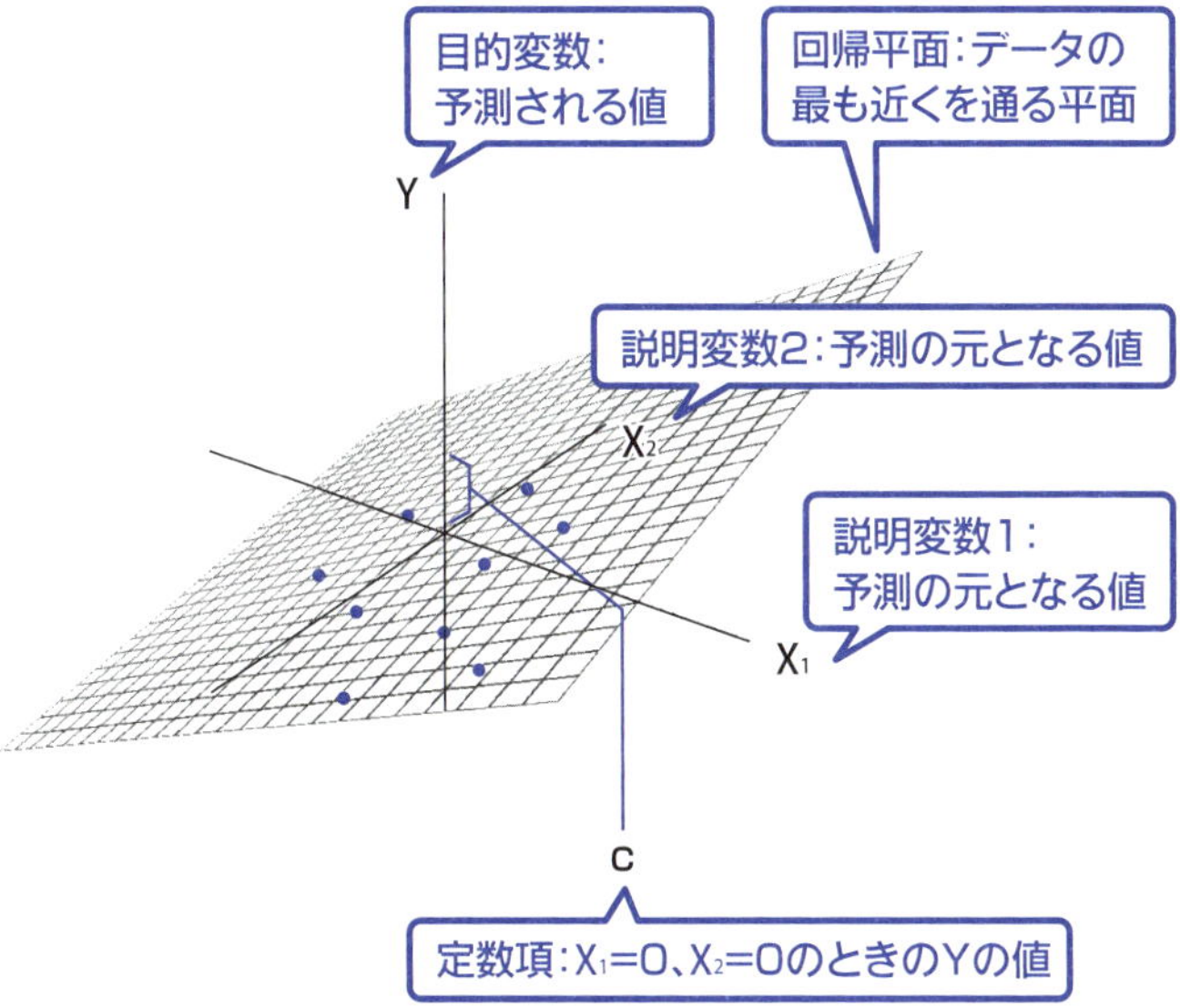

SUMMARY

➔ 重回帰分析の手順は次の通りである

- これまでに得られたデータ（目的変数Yと説明変数X_1、X_2の値）から回帰式の係数a、bと定数項cを求める
- 回帰式は、$Y=aX_1+bX_2+c$と表される
- 予測に使いたい値は回帰式のX_1とX_2に代入する
- Yの値を求める。これが予測結果となる

重回帰分析を使って、回帰式を求める

ここでは、担当者の勤続年数と残業時間という2つの説明変数を使って、売上金額という目的変数の予測を行ってみよう。

重回帰分析によって回帰式の係数と定数項を求めるためにはLINEST関数を使う。引数の「既知のXの範囲」には、説明変数のデータをすべて指定するということに気を付けよう。左ページの表であれば、勤続年数と残業時間の両方を含むセル範囲（つまり「B4:C15」）を指定すればよい。

「既知のXの範囲」の列数は複数だが、「既知のXの範囲」と「既知のYの範囲」の行数は同じになるというわけである。

また、LINEST関数は、重回帰分析によって得られるさまざまな値を一度に返すことができるので、**すべての値を表示するために配列数式として入力する**必要がある。

左ページの結果のうち、特に注目すべき点は、セルG4のX_2の係数、セルH4のX_1の係数、セルI4の定数項の3つである。これらがわかれば回帰式が得られる。

結果はX_1とX_2の順ではなく、X_2とX_1の順に求められることに注意。したがって、残業時間の係数が−52.10、年齢の係数が1805.16、定数項が19223.67となる。

重回帰分析を使って回帰式を求める

❶ セルG4～I8をあらかじめ選択しておく

❷「=LINEST(D4:D15, B4:C15, TRUE, TRUE)」と入力し、入力が完了したら Ctrl + Shift + Enter キーを押す

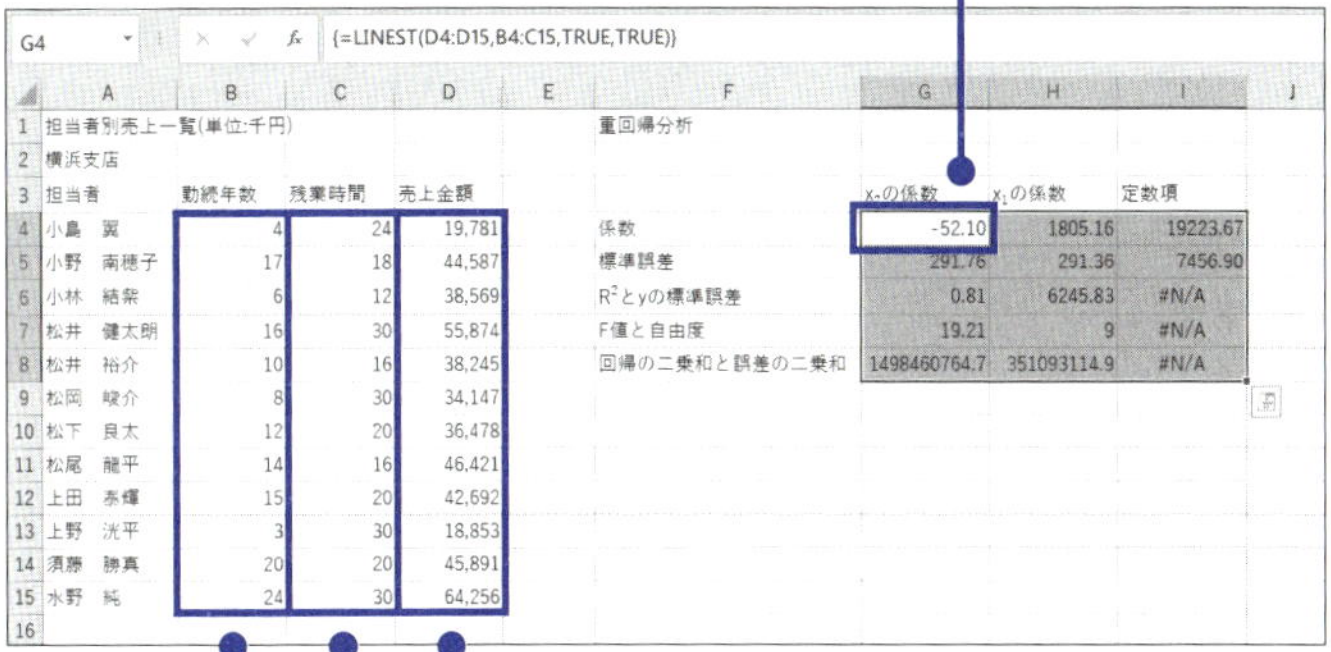
G4 {=LINEST(D4:D15,B4:C15,TRUE,TRUE)}

	A	B	C	D	E	F	G	H	I
1	担当者別売上一覧(単位:千円)					重回帰分析			
2	横浜支店								
3	担当者	勤続年数	残業時間	売上金額			x_2の係数	x_1の係数	定数項
4	小島　翼	4	24	19,781		係数	-52.10	1805.16	19223.67
5	小野　南穂子	17	18	44,587		標準誤差	291.76	291.36	7456.90
6	小林　結衆	6	12	38,569		R^2とyの標準誤差	0.81	6245.83	#N/A
7	松井　健太朗	16	30	55,874		F値と自由度	19.21	9	#N/A
8	松井　裕介	10	16	38,245		回帰の二乗和と誤差の二乗和	1498460764.7	351093114.9	#N/A
9	松岡　峻介	8	30	34,147					
10	松下　良太	12	20	36,478					
11	松尾　龍平	14	16	46,421					
12	上田　泰輝	15	20	42,692					
13	上野　洸平	3	30	18,853					
14	須藤　勝真	20	20	45,891					
15	水野　純	24	30	64,256					
16									

説明変数X_1

説明変数X_2

目的変数Y

回帰式は「売上金額＝1805.16×勤続年数－52.10×残業時間＋19223.67」となる

- 重回帰分析を行う（LINEST関数）

= LINEST(D4:D15, B4:C15, TRUE, TRUE)

- D4:D15：既知のYの範囲
- B4:C15：既知のXの範囲
- TRUE：定数項を計算する／FALSE：定数項を0とする
- TRUE：補正項を求める※／FALSE：補正項を求めない

※補正項とはセルG5～I8の情報のこと

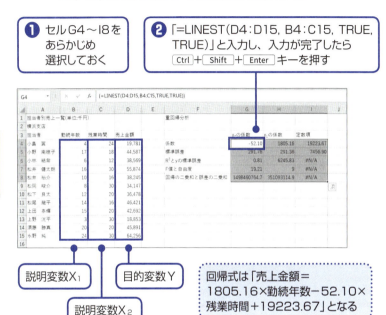

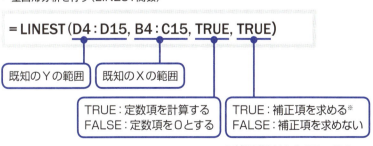

重回帰分析を使って、売上金額を予測する

128ページで重回帰分析により回帰分析の係数と定数項を求めた。これらの値を使えば、勤続年数と残業時間から売上金額を予測できる。

例えば、勤続年数が10年、残業時間が20時間であれば、

売上金額＝1805.16×10－52.10×20＋19223.67＝36233.25

となる。しかし、自分で回帰式にあてはめなくても、**TREND関数を使えばかんたんに重回帰分析を使った予測ができる。**

ただし、TREND関数は結果を返すだけなので、回帰式の係数はわからない。つまり、勤続年数と残業時間が売上金額にどう影響しているのかがわからない。

そのため、TREND関数を使って予測を行うときには、LINEST関数を使って係数や定数項を合わせて求めておいたほうがよい。実際、残業時間の係数がマイナスになっているので、残業時間が増えると逆に売上金額が減ってしまう。

なお、回帰分析では、**係数の大きさは相関の強さではないことに注意**しよう。係数はいわば傾きを表す。データが回帰式の近くに集まっている（相関が強い）かどうかを表すものではない。

TREND関数を使って重回帰分析による予測を行う

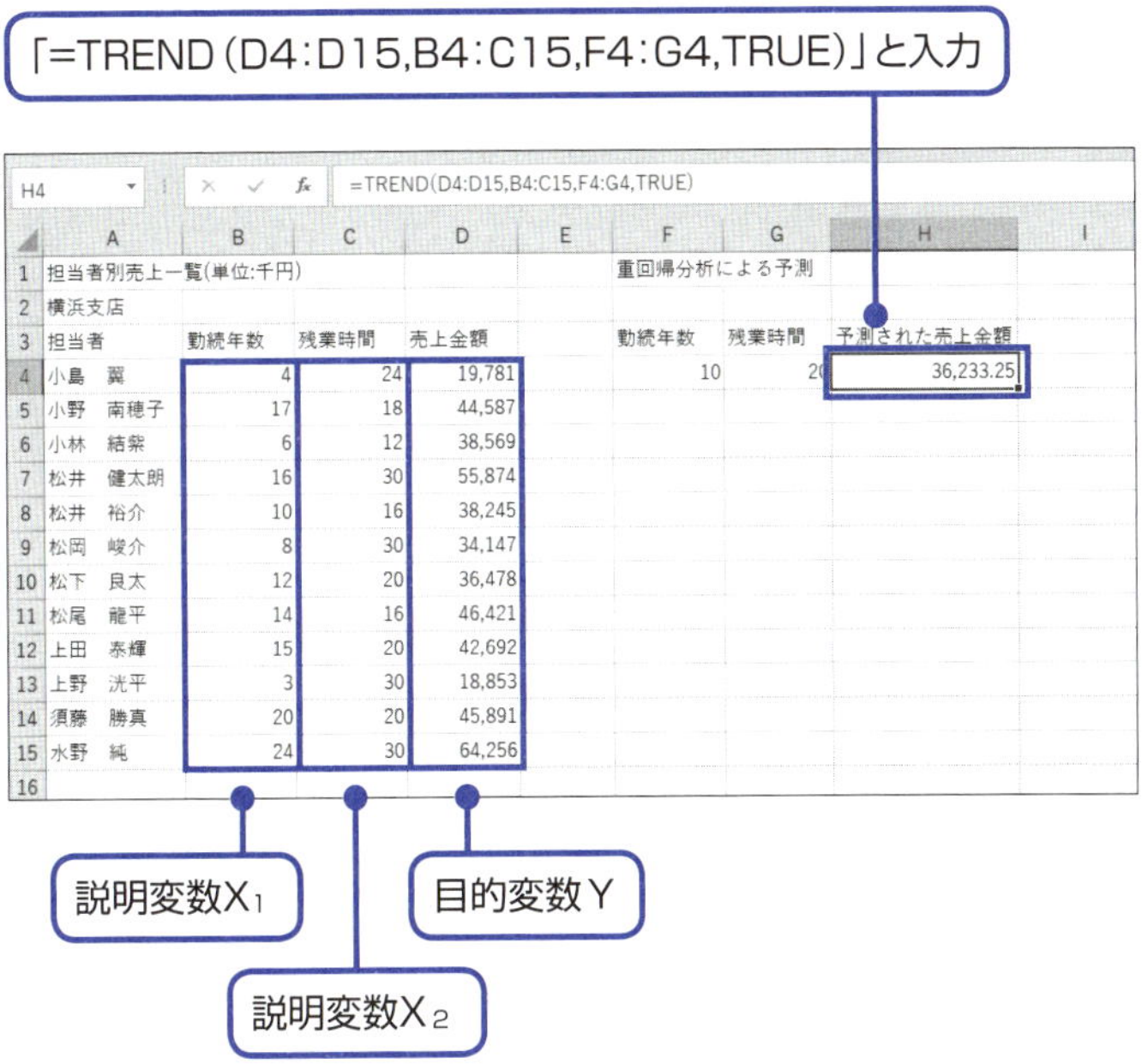

	A	B	C	D	E	F	G	H	I
1	担当者別売上一覧(単位:千円)					重回帰分析による予測			
2	横浜支店								
3	担当者	勤続年数	残業時間	売上金額		勤続年数	残業時間	予測された売上金額	
4	小島　翼	4	24	19,781		10	20	36,233.25	
5	小野　南穂子	17	18	44,587					
6	小林　結衆	6	12	38,569					
7	松井　健太朗	16	30	55,874					
8	松井　裕介	10	16	38,245					
9	松岡　峻介	8	30	34,147					
10	松下　良太	12	20	36,478					
11	松尾　龍平	14	16	46,421					
12	上田　泰輝	15	20	42,692					
13	上野　洸平	3	30	18,853					
14	須藤　勝真	20	20	45,891					
15	水野　純	24	30	64,256					
16									

- 重回帰分析により予測を行う（TREND関数）

=TREND(D4:D15, B4:C15, F4:G4, TRUE) ※

- D4:D15 — 既知のYの範囲
- B4:C15 — 既知のXの範囲
- F4:G4 — 予測に使うXの範囲
- TRUE：定数項を計算する　FALSE：定数項を0とする

※ 本書の執筆時点では、関数を入力するときに表示される定数（定数項）のポップヒントに、「FALSE - bに1を設定します」と表示されるが、実際には0となる

重回帰分析の結果を読み解く

LINEST関数を使った重回帰分析で**さらに詳細な分析を行うためには、補正項の値を見るとよい**。まず、回帰式のあてはまりが良好であるかどうかを調べてみよう。これは、セルG7のF値を見る。**F値が大きい（＝回帰の誤差が小さい）と、回帰式のあてはまりがよいといえる**。

次に、係数の有効性を見てみよう。**係数の有効性は係数を標準誤差で割ることによって調べる**。この値の絶対値が大きいということは、係数が大きく誤差が小さいということである。その場合は、係数が有効であるといえる。

セルG4とセルG5を比較すると、誤差がかなり大きい。つまり、残業時間の係数にはあまり意味がないことになる。残業したからといって売上が上がるとか下がるというわけではなさそうである。

一方、セルH4とセルH5を比較すると、係数が大きく誤差は小さいようである。勤続年数の係数は有効といえる。どうやら、売上を上げるには経験が必要なようである。

ただし、これらの分析をより正確に行うには検定と呼ばれる計算が必要である。本書では検定を取り扱わないが、左ページの例には検定の結果も含めておいた。

重回帰分析の結果をさらに分析する

係数に対して誤差が大きい場合、その係数は有効とはいえない

❶「=F.DIST.RT(G7,K5,L5)」と入力する。この値が0.05または0.01より小さければ回帰式のあてはまりがよい

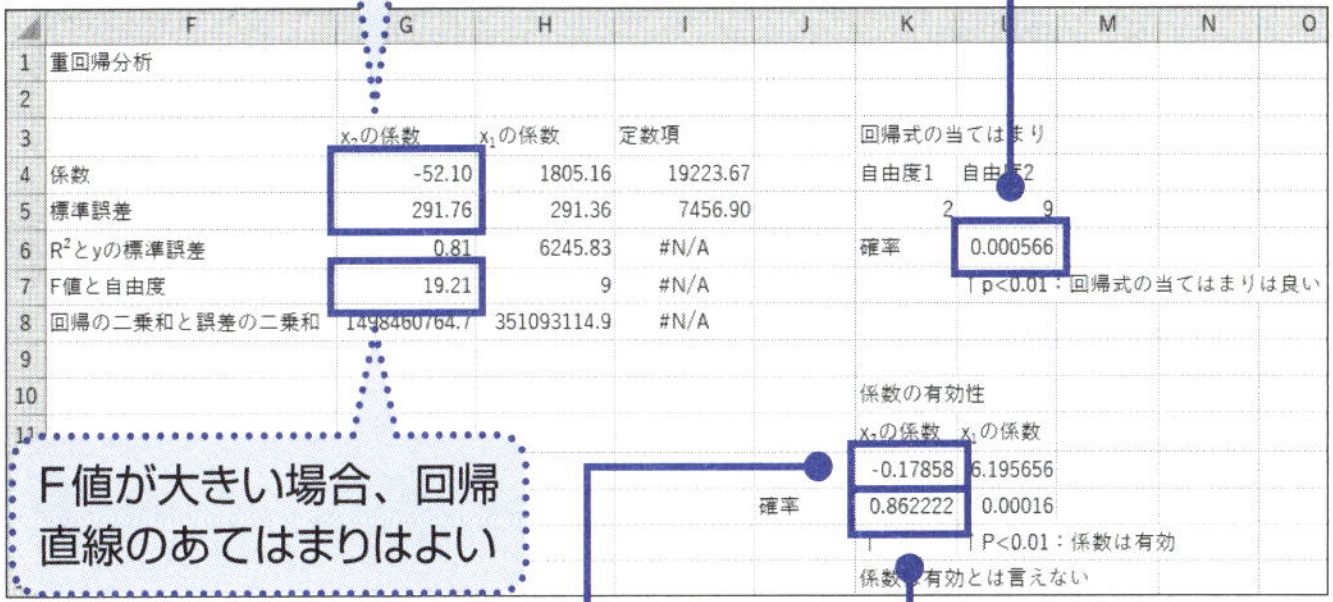

	F	G	H	I	J	K	L	M	N	O
1	重回帰分析									
2										
3		x_2の係数	x_1の係数	定数項		回帰式の当てはまり				
4	係数	-52.10	1805.16	19223.67		自由度1	自由度2			
5	標準誤差	291.76	291.36	7456.90		2	9			
6	R^2とyの標準誤差	0.81	6245.83	#N/A		確率	0.000566			
7	F値と自由度	19.21	9	#N/A			↑p<0.01：回帰式の当てはまりは良い			
8	回帰の二乗和と誤差の二乗和	1498460764.7	351093114.9	#N/A						
9										
10						係数の有効性				
11						x_2の係数	x_1の係数			
12						-0.17858	6.195656			
13					確率	0.862222	0.00016			
14						↑	↑P<0.01：係数は有効			
15						係数は有効とは言えない				

F値が大きい場合、回帰直線のあてはまりはよい

❷「=G4/G5」と入力

❸「=T.DIST.2T(ABS(K12),$H$7)」と入力する。この値が0.05または0.01より小さければ、係数が有効といえる

❹セルK12～K13をセルL12～L13にコピーしておく

T.DIST.2T関数はt検定を行う関数。セルH7の自由度は「データの行数-変数の列数-1」

F.DIST.RT関数はF検定を行う関数。自由度1は「変数の列－1」、自由度2は「データの行数－変数の列数－1」

重回帰分析では多重共線性に注意！

重回帰分析を適用するときには、**説明変数どうしに強い相関関係があると適切な分析ができない**ことに注意が必要である。似たような説明変数を複数使って目的変数を説明しても意味がないからである。

例えば、勤続年数と年齢を元に売上金額を予測する、といった場合がそれにあたる。（中途入社が多くなければ）勤続年数と年齢は似たような変数と考えられる。このように、**似たような説明変数が使われていることを多重共線性と呼ぶ**。

多重共線性が見られる場合、VIF（分散拡大要因）と呼ばれる値が大きくなる。その場合は、別の説明変数を選ぶ必要がある。VIFの値を求めるには、説明変数どうしの相関係数を行列の形に表し、その逆行列を求める。逆行列はMINVERSE関数を使えばかんたんに求められる。この関数は複数の値を返すので、配列数式として入力しよう。

VIFの値が10を超えると、一般に、多重共線性が見られるといわれる。左ページの例では、多重共線性は見られないことがわかる。しかし、132ページで、残業時間が係数としてあまり意味がないこともわかったので、やはり別の説明変数（例えば、得意先への訪問回数など）を選んだほうがよいだろう。

多重共線性が見られるかどうか確認する

❶「=CORREL(B4:B15, C4:C15)」と入力し、説明変数どうしの相関係数を求める

セルG11とH12は自分自身との相関なので1を入力しておけばよい。また、セルG12には「=H11」と入力する

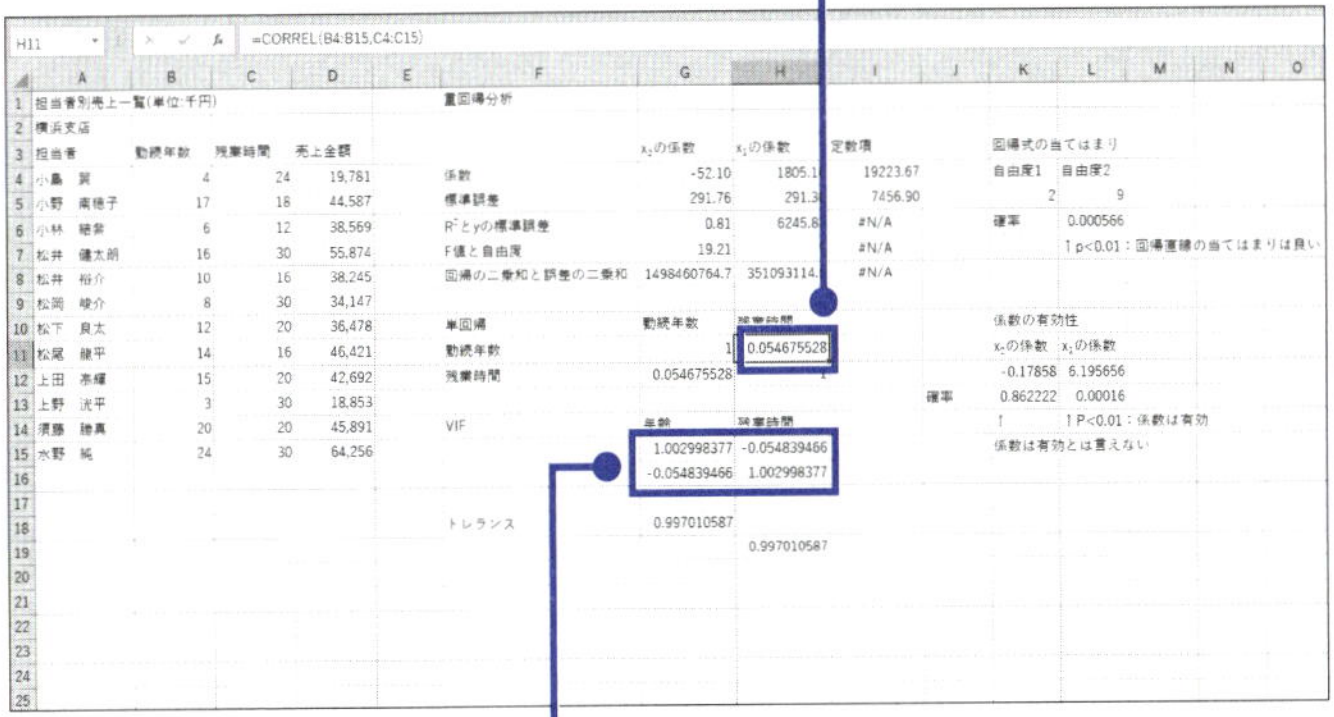

❷ セルG15～H16をあらかじめ選択しておき「=MINVERSE(G11：H12)」と入力し、入力が完了したら Ctrl + Shift + Enter キーを押す

セルG15とセルH16の値がVIFの値である。なお、トレランスはVIFの逆数である(例えば、セルG18には「=1/G15」が入力されている)

SECTION 17

時系列分析により大きな傾向と季節性の変動を抽出しよう

プラスα

日や週、月ごとの変化を元に予測を行う

118ページ以降では、気温を元に出荷数の予測を行ってきた。しかし、毎週木曜日は週末に備えた出荷が増えるという要因が出荷数に影響している。これまで、そういった要因はイレギュラーなものとして分析から除外してきた。

しかし、そういったパターンを扱いたいこともあるだろう。それ以外にも、季節ごとのイベントといった要因もあるはずだ。とすると、気温だけで予測するよりは、日付を使って予測したほうがさまざまな要因を考慮に入れることができそうである。

このように、時間的な流れにそって分析を行うことを時系列分析と呼ぶ。時系列分析では、日や週、月といった時間の流れの中での傾向（トレンド）を見つけるだけでなく、一定の間隔で繰り返されるパターンの周期を見つけることもできる。**このような時間による繰り返しパターンのことを季節性と呼ぶ。**なお、時系列分析のための関数が利用できるのはエクセル2016以降である。

時系列分析の考え方を知る

- 時系列分析のイメージ

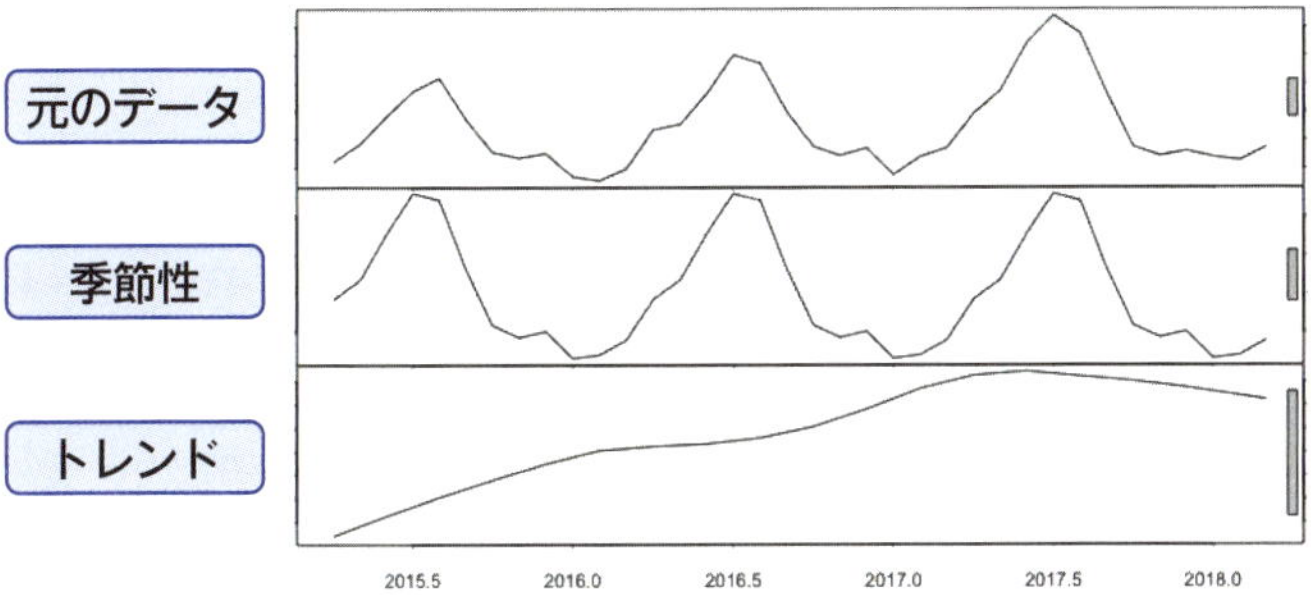

元のデータから、
季節性とトレンドを抽出する

SUMMARY

時系列分析でわかること

- 季節性：一定の間隔で繰り返されるパターン。
  例えば、夏には清涼飲料水がよく売れる、木曜日には出荷数が多い、など
- トレンド：全体的な傾向。
  例えば、毎年、着実に売上が伸びている、売上の伸びが鈍ってきている、など

時系列分析により、繰り返しパターンを検出する

136ページで見たように、毎週木曜日は週末に備えた出荷が増えるといったパターンは、季節性と呼ばれる。「季節」といっても、春夏秋冬による変化という意味ではなく、1週間ごとであったり、1か月ごとであったりする。つまり、一定の時間間隔での繰り返しのことを意味する。

エクセル2016では、季節性の周期を求めるFORECAST.ETS.SEASONALITY関数が利用できる。回帰分析を行ったときに使った出荷数のデータ（102ページ参照）で試してみよう。

時系列分析に使われる関数は名前が「FORECAST.ETS」で始まる。これらの関数では、出荷数や売上などの値に加えて、それらの値が発生した日時をタイムラインとして指定する必要がある。**タイムラインは一定の間隔で並んだ日時のことである。**

ある日時にデータが存在しないときには、その値は欠測値とみなされ、なにも指定しなければ、前後の値の平均値が使われる。また、同じ日時にデータが複数存在するときには、集計が必要なデータであるとみなされる。なにも指定しなければ、平均値がその日時のデータとして使われる。データは並べ替えられていなくてもよい。

繰り返しパターンの周期（季節性）を求める

日付がセルA3～A185に、出荷数がセルC3～C185に入力されている

「=FORECAST.ETS.SEASONALITY(C3:C185,A3:A185)」と入力

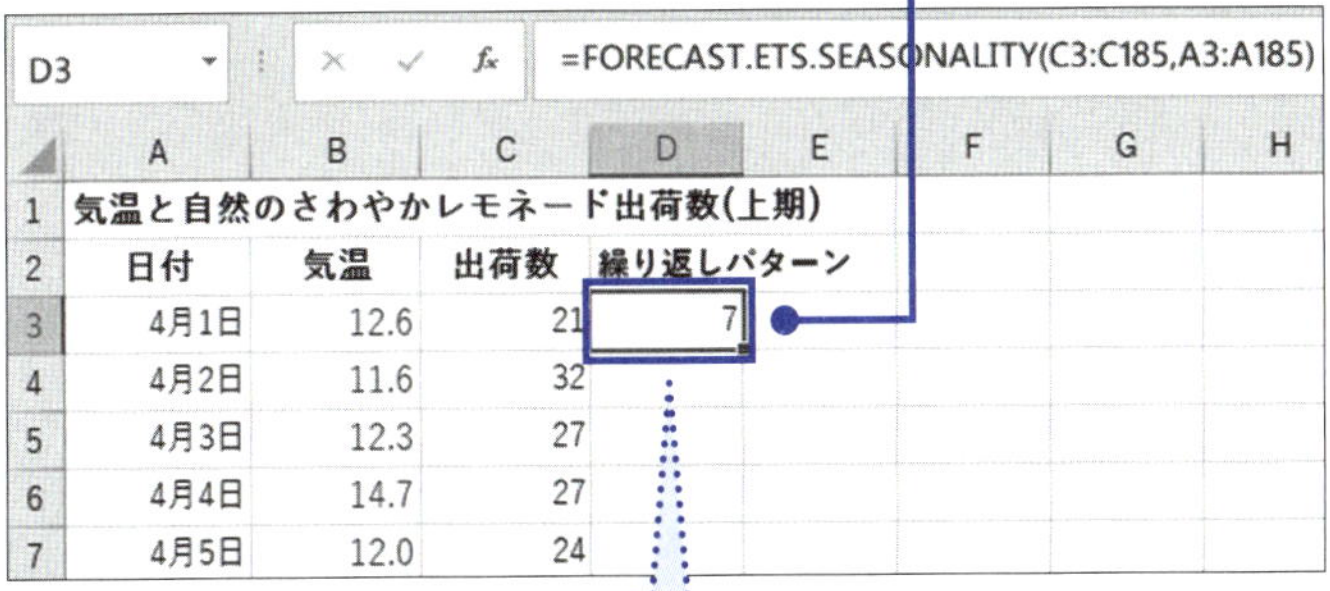
D3 =FORECAST.ETS.SEASONALITY(C3:C185,A3:A185)

	A	B	C	D	E	F	G	H
1	気温と自然のさわやかレモネード出荷数(上期)							
2	日付	気温	出荷数	繰り返しパターン				
3	4月1日	12.6	21	7				
4	4月2日	11.6	32					
5	4月3日	12.3	27					
6	4月4日	14.7	27					
7	4月5日	12.0	24					

繰り返しパターンの周期は7。
1週間のパターンがあることがわかった

- 繰り返しパターンの周期（季節性）を求める
  （FORECAST.ETS.SEASONALITY関数）

= FORECAST.ETS.SEASONALITY(C3:C185, A3:A185)

C3:C185 → 値の範囲
A3:A185 → タイムライン

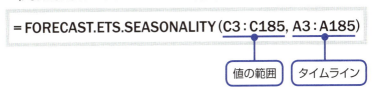

時系列分析によって、過去の売上から今後1年間の売上を予測する

時系列分析では、時間によって傾向や季節性の変化があるデータを分析したり、予測したりする。繰り返しパターン（季節性）の周期を求める方法は138ページで見たので、ここでは予測を行ってみよう。

エクセル2016では、FORECAST.ETS関数を使えば、時系列分析による予測ができる。ただ、139ページのデータは半期分しかないので、予測に使うにはデータが少なすぎる。例えば、4月～9月のデータだけを元に、10月以降の予測を行うのは難しい。そこで、月単位で集計された3年分の売上金額を元に、次の1年の各月の売上金額を予測することにしよう。

左ページの例では、セルE3に入力した数式をコピーして、1年分の予測を行う。そこで、「値の範囲」に指定する売上金額の範囲（セルB3～B38）と、「タイムライン」に指定する日付（セルA3～A38）は絶対参照にしている。もちろん、「予測に使う期」は相対参照で指定し、セルD3に対する予測値がセルE3に、セルD4に対する予測値がセルE4に…と表示されるようにする。

なお、セルE16でFORECAST.ETS.SEASONALITY関数により季節性も求めている。

時系列分析によって売上を予測する

日付がセルA3～A38に、売上金額がセルB3～B38に入力されている

❶「=FORECAST.ETS(D3, $B$3:$B$38, $A$3:$A$38)」と入力

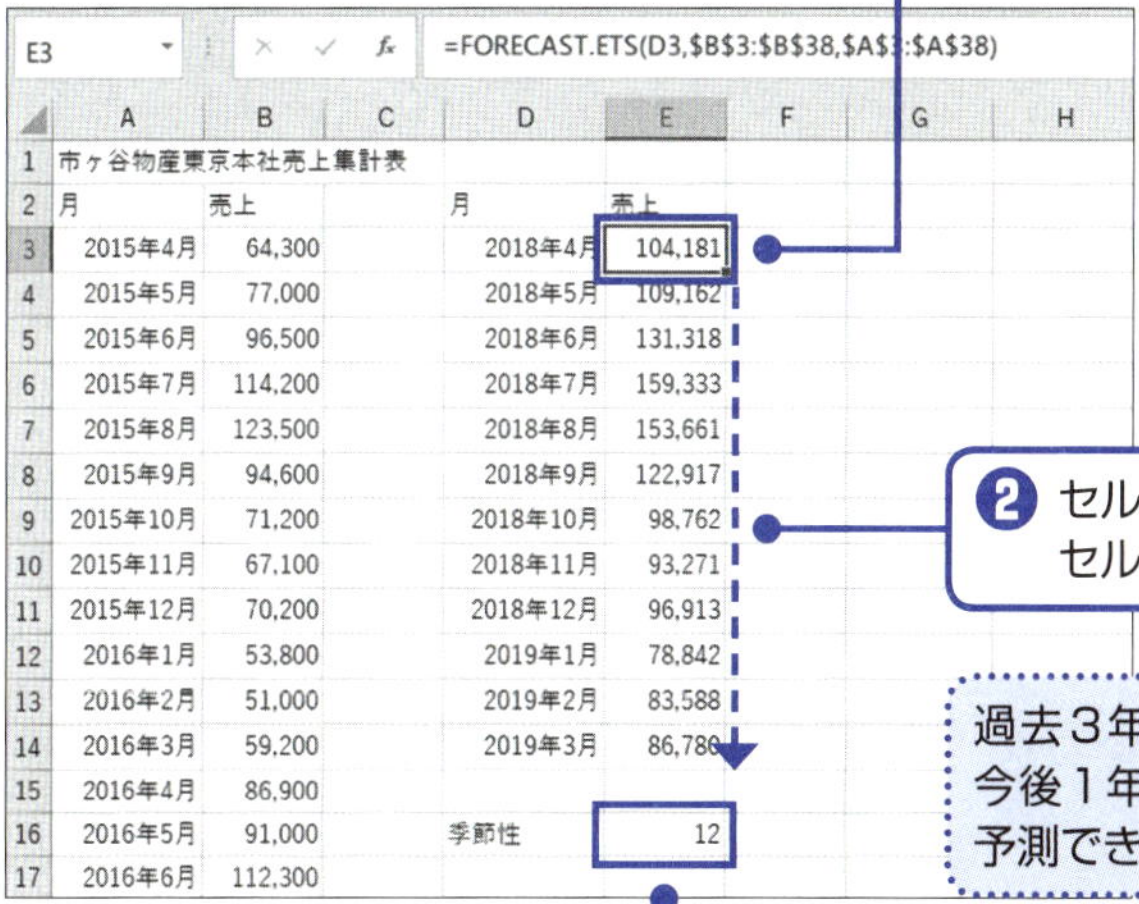

E3 =FORECAST.ETS(D3,$B$3:$B$38,$A$3:$A$38)

	A	B	C	D	E	F	G	H
1	市ヶ谷物産東京本社売上集計表							
2	月	売上		月	売上			
3	2015年4月	64,300		2018年4月	104,181			
4	2015年5月	77,000		2018年5月	109,162			
5	2015年6月	96,500		2018年6月	131,318			
6	2015年7月	114,200		2018年7月	159,333			
7	2015年8月	123,500		2018年8月	153,661			
8	2015年9月	94,600		2018年9月	122,917			
9	2015年10月	71,200		2018年10月	98,762			
10	2015年11月	67,100		2018年11月	93,271			
11	2015年12月	70,200		2018年12月	96,913			
12	2016年1月	53,800		2019年1月	78,842			
13	2016年2月	51,000		2019年2月	83,588			
14	2016年3月	59,200		2019年3月	86,780			
15	2016年4月	86,900						
16	2016年5月	91,000		季節性	12			
17	2016年6月	112,300						

❷ セルE3をセルE14までコピー

過去3年間のデータから今後1年間の売上金額が予測できた

❸「=FORECAST.ETS.SEASONALITY(B3:B38, A3:A38)」と入力

繰り返しパターンの周期は12。1年間のパターンがあることがわかった

- 時系列分析による予測を行う（FORECAST.ETS関数）

= FORECAST.ETS (D3, $B$3 : $B$38, $A$3 : $A$38)

D3：予測に使う期
$B$3 : $B$38：値の範囲
$A$3 : $A$38：タイムライン

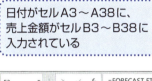

時系列分析と回帰分析の違いをグラフで確認する

FORECAST.ETS関数を使った予測では、季節性やトレンドが反映される。一方、**回帰直線による予測は直線に当てはめるので、季節性の変化が反映されない**。ここでは、両方のグラフを描いて違いを見比べてみよう。

いずれも時系列のデータなので折れ線グラフにすればよい。まずは、セルA2～B38に入力されている元のデータを使って折れ線グラフを作っておこう。次に、時系列分析による予測値を折れ線グラフの続きの部分に表示されるようにする。予測値はセルE3～E14に入力されているので、［系列の編集］ダイアログボックスの［系列値］にこの範囲を追加する。

また、セルD3～D14に入力されている日付も横（項目）軸ラベルに追加しておく。この範囲は［軸ラベル］ダイアログボックスの［軸ラベルの範囲］に追加すればよい。これで、元のデータと予測値が1つの折れ線グラフとして表示される。

同様にしてもう1つ折れ線グラフを作り、元のデータと回帰分析による予測値が表示されるようにしてみよう。2つのグラフを見比べてみると、回帰直線には季節性が反映されていないことが一目でわかる。

時系列分析では繰り返しパターンが反映される

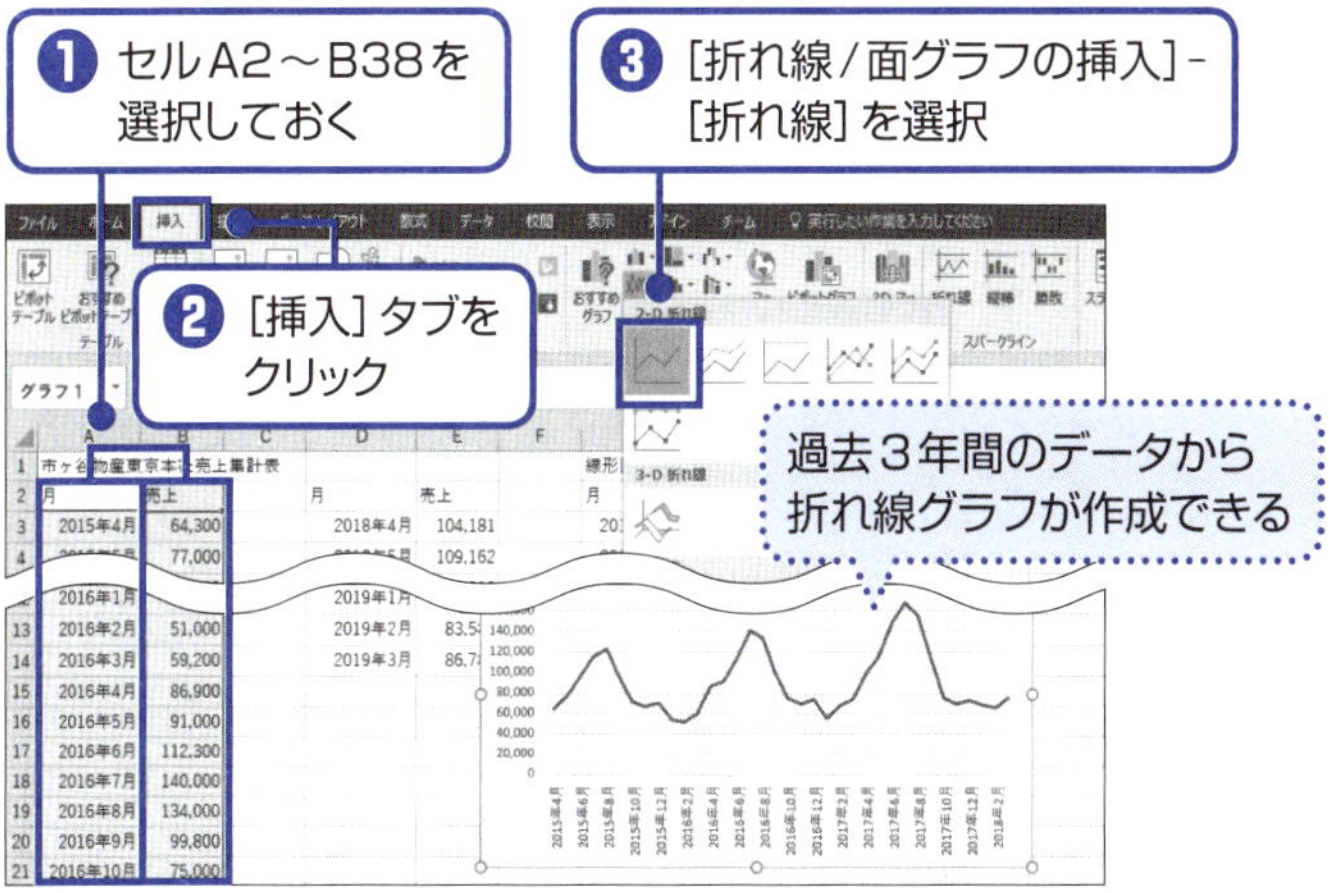

- 予測値を系列値に追加する

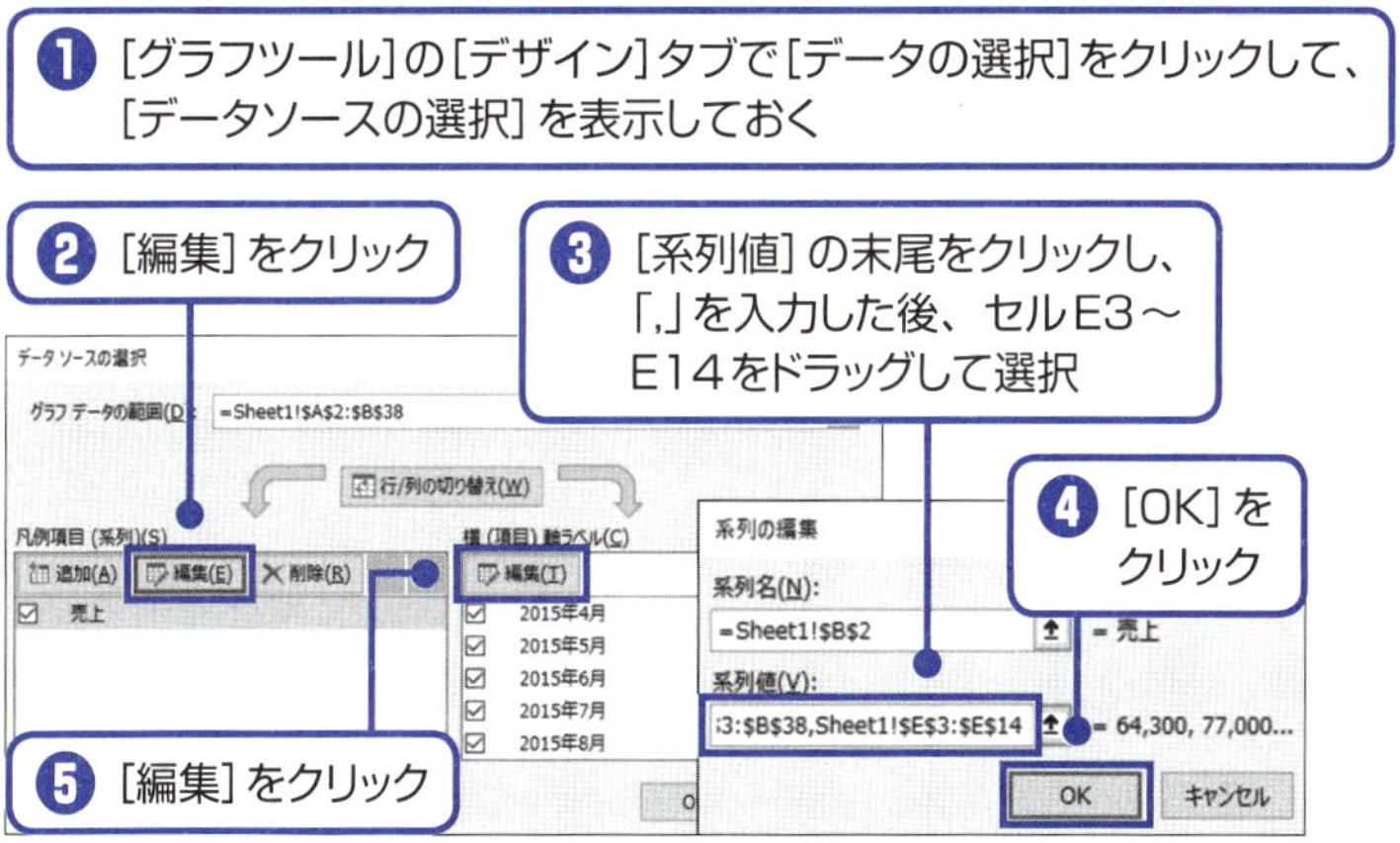

予測値が系列値に追加され、2018年4月からのデータもグラフ化される

❻ ［軸ラベルの範囲］の末尾をクリックし、「,」を入力した後、セルD3～D14をドラッグして選択

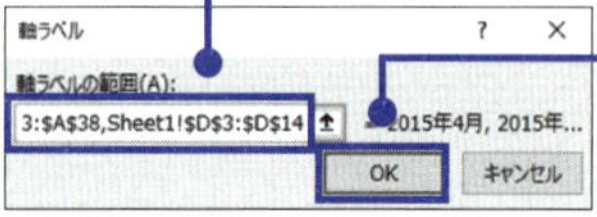

❼ ［OK］をクリック

予測値の軸ラベルが追加され、項目軸に2018年4月以降の日付が表示される

• 回帰直線を使った予測と比較する（エクセル2016のみ）

❶ 「=FORECAST.LINEAR(G3, $B$3 : $B$38, $A$3:$A$38)」と入力し、セルH14までコピー

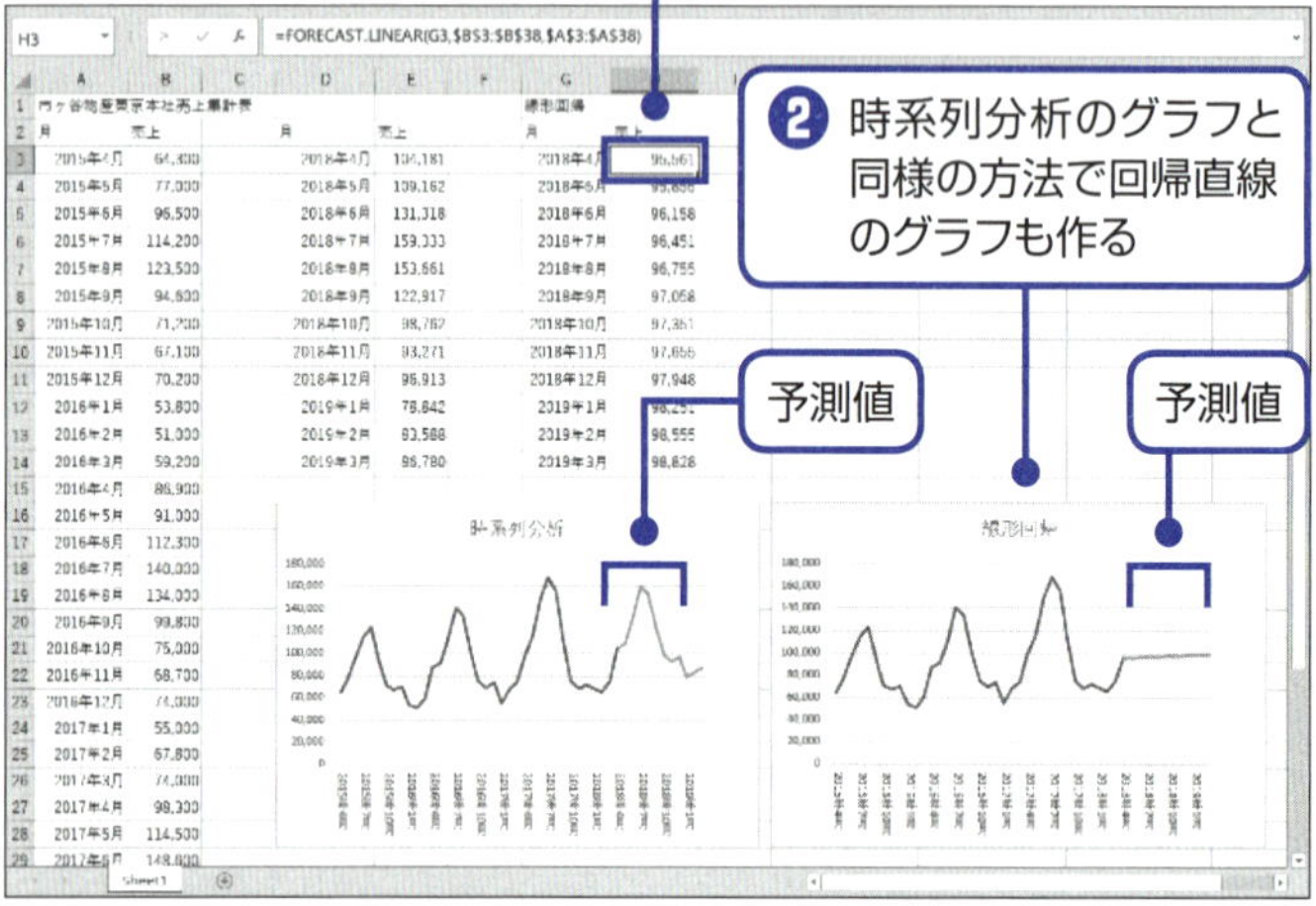

❷ 時系列分析のグラフと同様の方法で回帰直線のグラフも作る

予測値

予測値

予測値の部分だけ線の色を変え、凡例は削除した。
回帰直線には季節性が反映されないので、予測値が直線になる

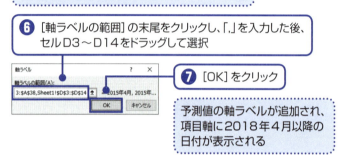

4章

営業活動や販売促進、トラブル対策の戦略を立てる

SECTION 18

ABC分析により商品や対策に優先順位を付けよう

パレート図を作れば、重点項目が視覚化できる

企業には人事、総務などのスタッフ業務、生産、販売などのライン業務があるが、どのような業務においても、コストを最小にし、売上などの効果を最大にすることが求められる。そのためには、**どの部分のコストを削減するか、どの商品の販売に注力するか、といった戦略が必要になる**。

戦略を立てるには、経験と勘も重要だが、現状を的確に把握する必要がある。例えば、生産コストのうち最大のものはなにかといったことや、売上の大きな顧客はどの顧客かといったこと、よく売れている商品はどの商品であるといったことがそれにあたる。そのような分析によく使われるのがＡＢＣ分析と呼ばれる手法である。

ＡＢＣ分析ではパレート図と呼ばれるグラフを作成し、全体の上位70％を占める要因などを可視化する。現状が把握できれば、その企業や部門を取り巻く環境を考慮しながら戦略を立てることができる。

プラスα

パレート図とABC分析

• ABC分析に使うデータ

	A	B	C	D
1	**通販部門返品理由と件数**			
2	**返品理由**	**件数**	**比率**	**累計**
3	色違い	43	43.0%	43.0%
4	サイズ違い	26	26.0%	69.0%
5	顧客都合	11	11.0%	80.0%
6	パッケージ破損	8	8.0%	88.0%
7	数量違い	5	5.0%	93.0%
8	商品破損	4	4.0%	97.0%
9	商品違い	3	3.0%	100.0%
10	**合計**	100		

通販の返品理由と件数の一覧を値の大きいものから(降順に)並べ替えたもの。全体に占める比率やその累計も求めてある

棒グラフは各項目の値
折れ線グラフは累計

• パレート図

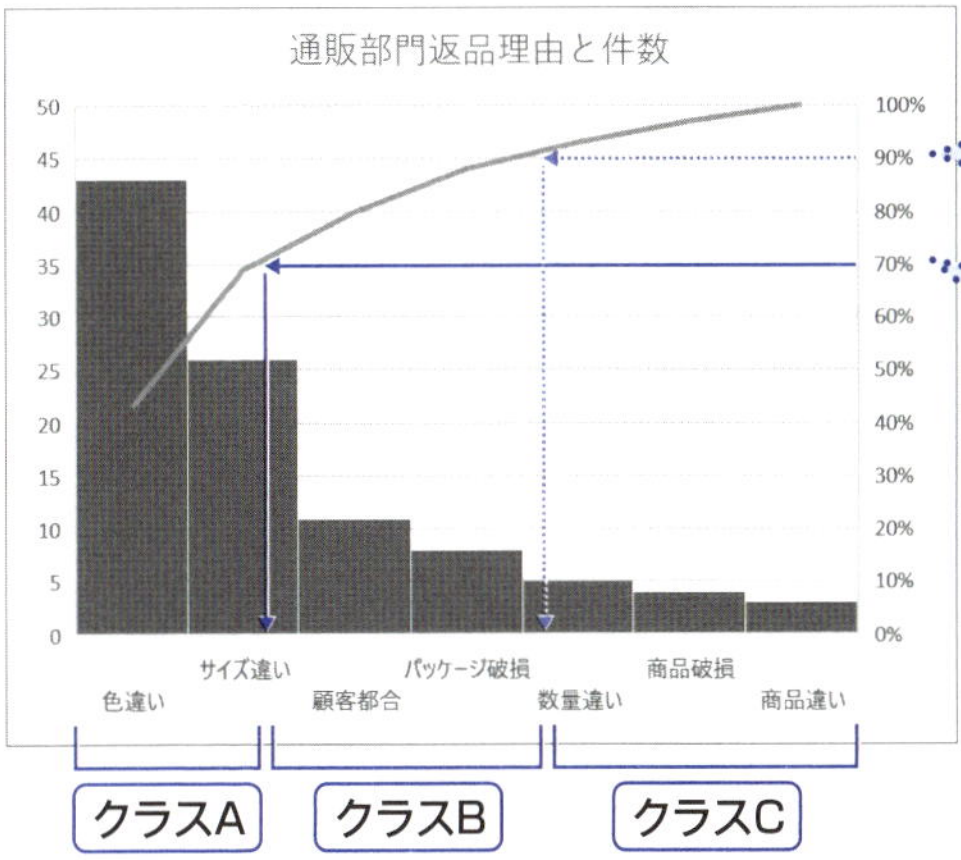

全体の90%の位置

全体の70%の位置

クラスAの問題を解決すれば、
すべての問題の70%が解決する!

ABC分析で使うデータを用意する

ABC分析には、担当者別売上金額、顧客別売上金額、原因別の故障件数などさまざまなデータが使える。全体が100パーセントになり、個々の値が全体の中でどれだけの比率となるかが求められるような表であればよい。

エクセル2016では、元のデータから直接パレート図が作れるが、エクセル2013以前では棒グラフと折れ線グラフの複合グラフとするので、比率や比率の累計を求めておく必要がある。

また、**エクセル2016でパレート図を作ると、棒グラフが自動的に降順に並べ替えられるが、エクセル2013以前では並べ替えが行われないので、あらかじめ元のデータを並べ替えておく**必要がある。

SUM関数を使って合計を求めたあと、各項目の値を合計で割れば比率が求められる。比率の表示形式はパーセント表示にしておくとよい。累計はそれまでの比率の合計となる。累計を見れば、その項目が全体の何パーセントを占める範囲に入っているかがわかる。左ページの例は、返品理由とその件数をまとめた表である。この表を使ってABC分析を行う。まず、並べ替えを行うところから見ていこう。

ABC分析では全体で100パーセントになるデータを使う

• データを並べ替える

❶ セルB3をクリックしておく（この列が並べ替えのキーとなる）

❷ [ホーム]タブの[並べ替えとフィルター]-[降順]を選択

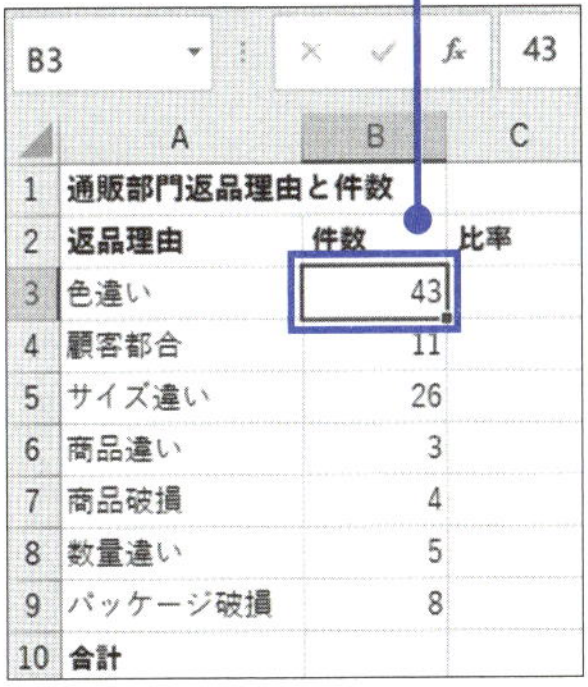

	A	B	C
1	通販部門返品理由と件数		
2	返品理由	件数	比率
3	色違い	43	
4	顧客都合	11	
5	サイズ違い	26	
6	商品違い	3	
7	商品破損	4	
8	数量違い	5	
9	パッケージ破損	8	
10	合計		

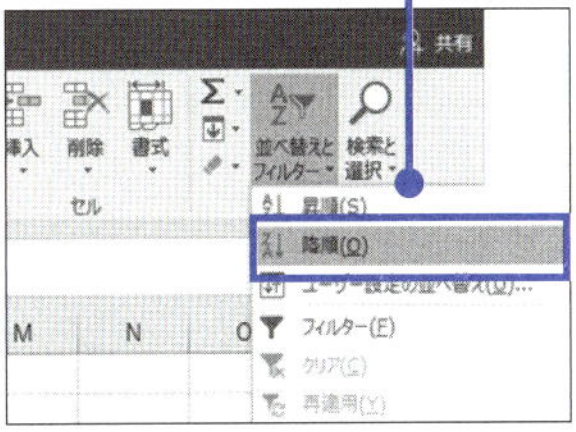

件数の降順に並べ替えられる

• 比率と累計を求める

❷「=B3/$B$10」と入力

❸「=C3」と入力

❹「=D3+C4」と入力

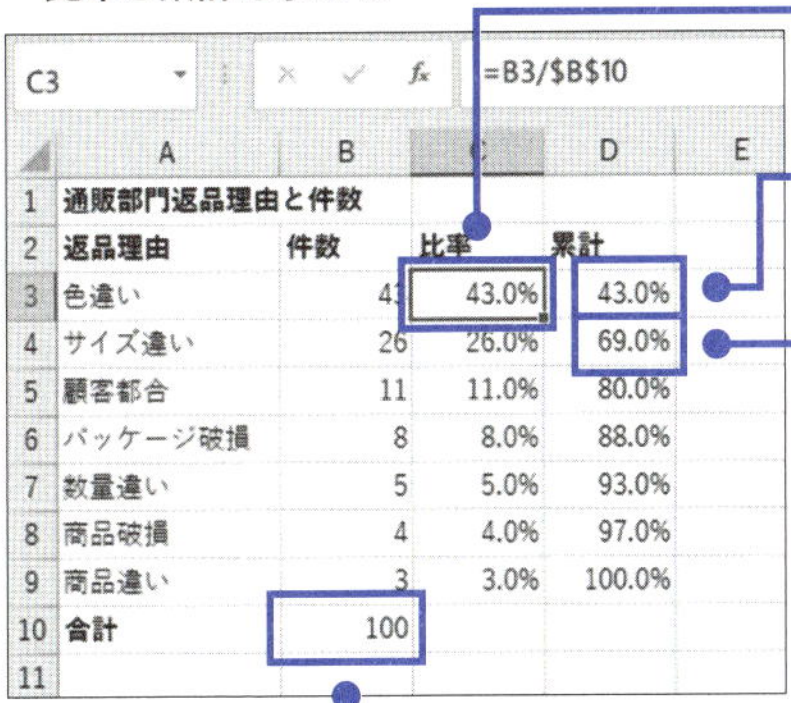

	A	B	C	D	E
1	通販部門返品理由と件数				
2	返品理由	件数	比率	累計	
3	色違い	43	43.0%	43.0%	
4	サイズ違い	26	26.0%	69.0%	
5	顧客都合	11	11.0%	80.0%	
6	パッケージ破損	8	8.0%	88.0%	
7	数量違い	5	5.0%	93.0%	
8	商品破損	4	4.0%	97.0%	
9	商品違い	3	3.0%	100.0%	
10	合計	100			
11					

❺ セルC3をセルC9までコピーし、セルD4をセルD9までコピーする

❶「=SUM(B3:B9)」と入力

比率と比率の累計が求められた。表示形式をパーセント表示にしておくとよい

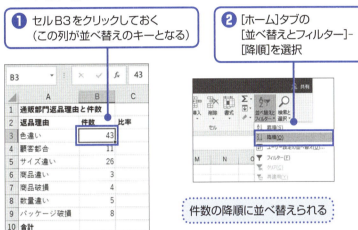

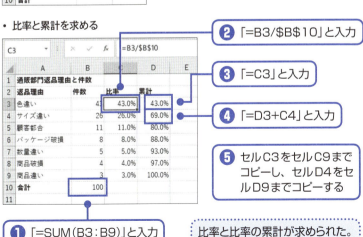

エクセル2016ではパレート図がかんたんに作れる

パレート図とは、それぞれの項目の値を棒グラフにし、項目の比率の累計を折れ線グラフにしたものである。エクセル2016では、わざわざ比率や比率の累計を求めておかなくても、元のデータから直接パレート図が作れる。左ページの例でも比率と累計を使っていないことがわかるだろう。

作成されたパレート図を見ると、左側の縦軸（第1軸）が項目の値となっており、右側の縦軸（第2軸）が比率の累計となっている。第2軸の「70％」の位置から左に向かって線を引き、折れ線グラフとの交点から下に向かって線を引いてみよう。すると、全体の70パーセントまでに入る項目がどれなのかがわかる。この、**全体の70パーセントに入る項目がクラスAになる。**クラスAが重点項目と考えられる。この例では「色違い」と「サイズ違い」がクラスAであり、これらが返品理由のうち重点的に対応しなければならない項目になる。同様に、**全体の90パーセントに入る項目はクラスBとなる。**ここでは「顧客都合」「パッケージ破損」がクラスBとなる。

残りはクラスCである。クラスCは比率が小さいが無視してよいというわけではない。詳しくは、154ページで解説する。

エクセル2016でパレート図を作成する

❶ セルA2～B9を選択

❷ [挿入] タブをクリック

❸ [統計グラフの挿入] ー [パレート図] を選択

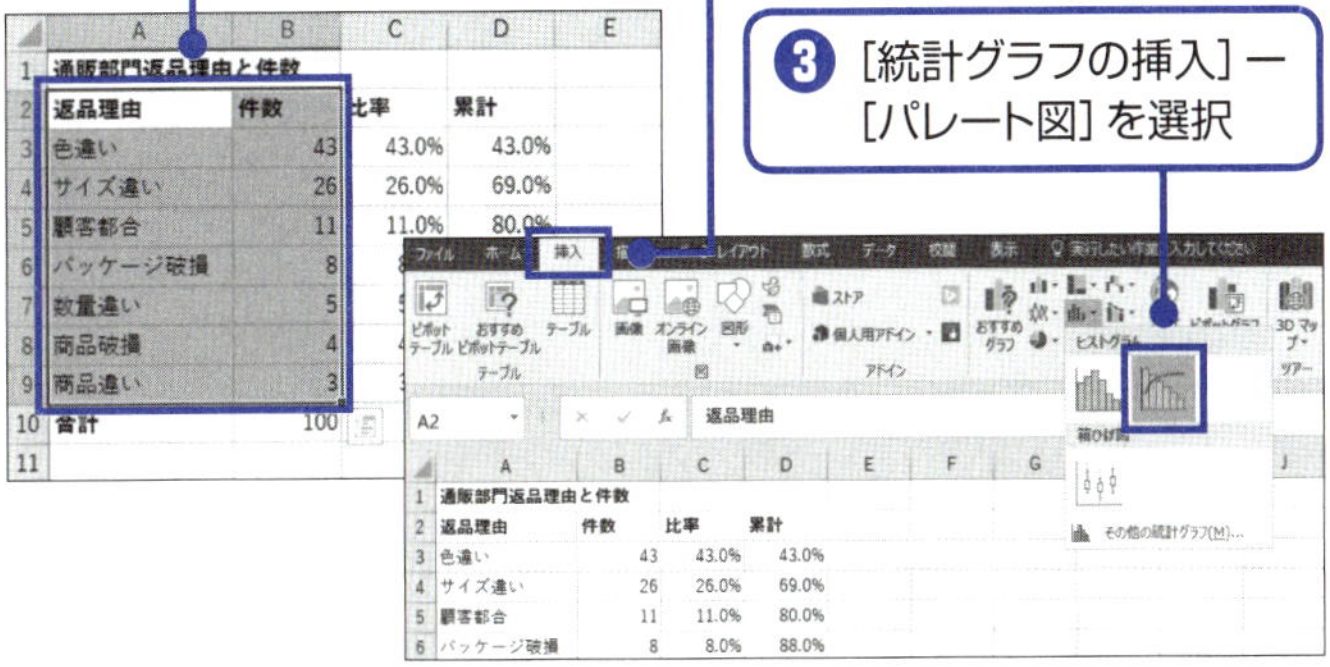

返品理由	件数	比率	累計
色違い	43	43.0%	43.0%
サイズ違い	26	26.0%	69.0%
顧客都合	11	11.0%	80.0%
パッケージ破損	8	8.0%	88.0%
数量違い	5		
商品破損	4		
商品違い	3		
合計	100		

• パレート図が作られた

折れ線グラフは比率の累計

タイトルや書式を変更して見やすくしておく

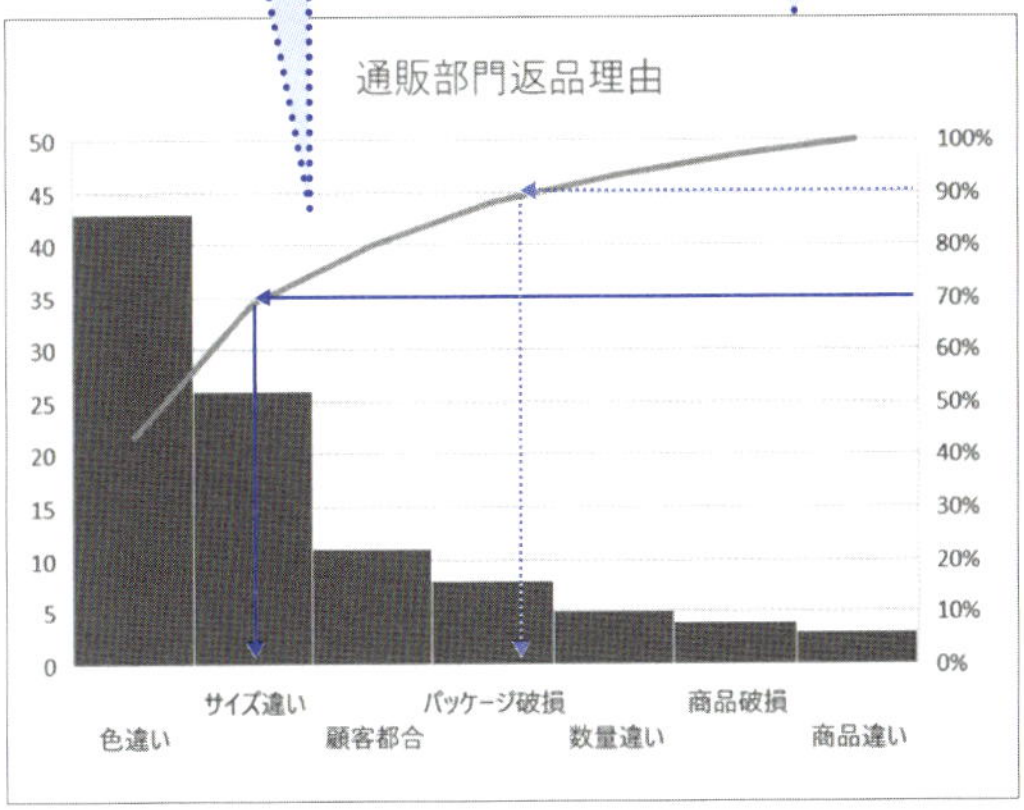

※サンプルファイルにはエクセル2013以前では、表示できないグラフが含まれている

エクセル2013以前では棒グラフと折れ線グラフを組み合わせる

エクセル2013以前では、棒グラフと折れ線グラフを組み合わせてパレート図を作る。

エクセル2013では［その他の縦棒グラフ］を選び、［すべてのグラフ］－［組み合わせ］を選べば、かんたんに複合グラフが作成できる。

ここでは、エクセル2010におけるパレート図の作成方法を解説する。

- **件数と累計の値を見出しも含めて選択しておく（セルA2～B9、D2～D9）**
- **棒グラフを作成する**
- **累計の系列を第2軸に指定し、折れ線グラフに変更する**

件数と累計は離れたセル範囲に入力されているので、セルA2～B9を選択したあと、Ctrlキーを押しながらセルD2～D9をドラッグして選択するとよい。

また、累計を折れ線グラフに変更するときには、累計の系列を選択する必要があるが、累計の値は小さいので、系列をクリックして選択するのが難しい（「80%」の表示でも、実際の値は0.8なので棒の高さがほとんどない）。そういう場合、エクセルの画面右下隅のスライダーをドラッグして表示倍率を拡大し、累計の系列を選択すればよい。

棒グラフと折れ線グラフを組み合わせて パレート図を作成する

❶ セルA2～B9、D2～D9を選択しておく

Ctrl キーを押しながらドラッグすれば離れた範囲が選択できる

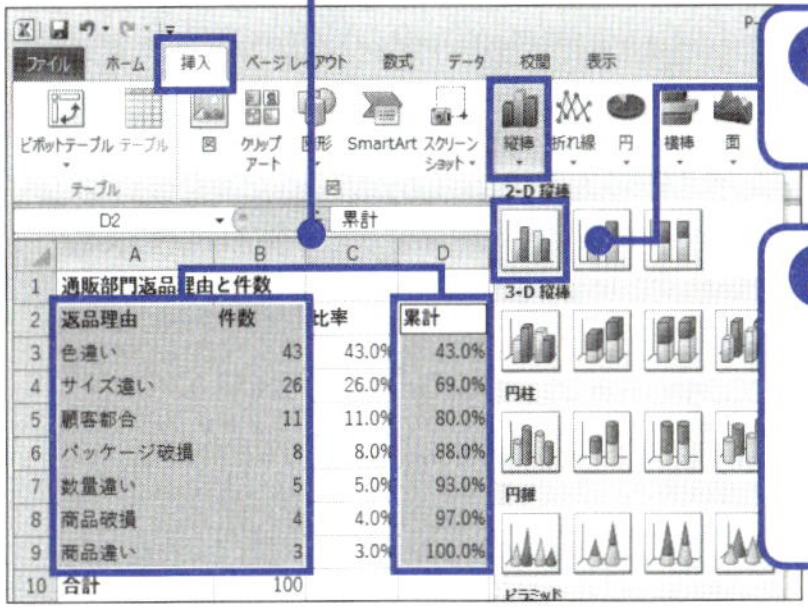

❷ [挿入] タブを開いて [縦棒] - [集合縦棒] を選択

❸ [累計]の系列を選択し[書式]タブを開いて、[選択対象の書式設定] をクリックして [データ系列の書式設定] を開いておく

❹ [系列のオプション] から [使用する軸] に [第２軸] を選択

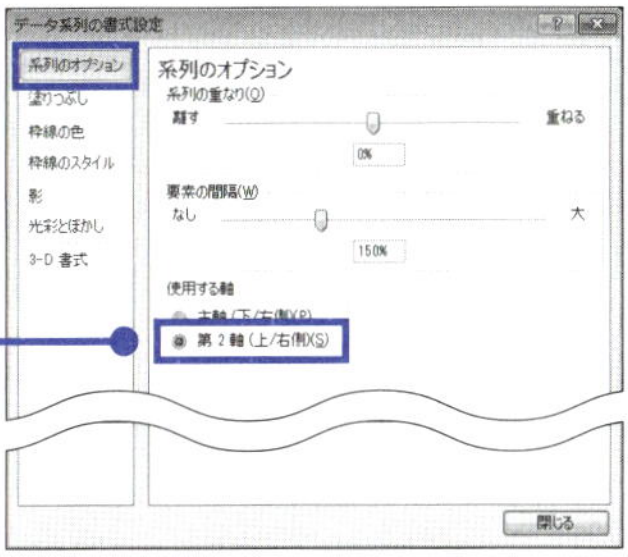

❺「累計」の系列を右クリックして[系列グラフの種類の変更]を選択。[グラフの種類] から [折れ線] を選択

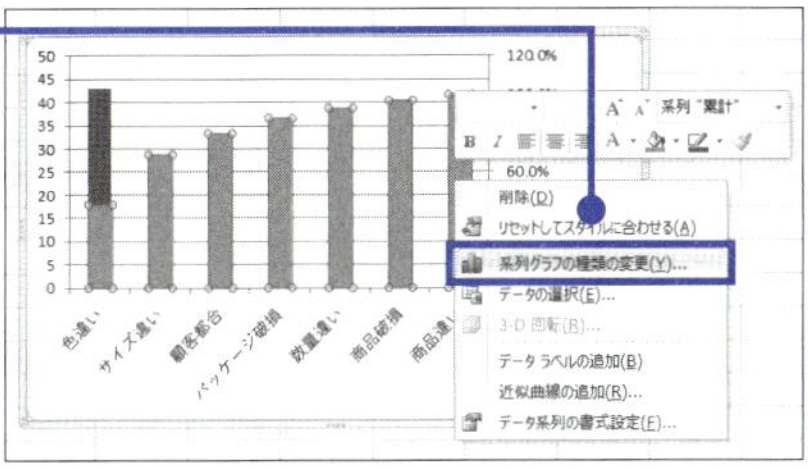

エクセル2013の場合、[組み合わせ] を選び、[累計] を [折れ線] に設定

グラフが作成されるので、軸の書式などを設定すれば、150ページのようなパレート図の形になる

SECTION 19

さまざまな部門でABC分析を使って戦略を立てよう

プラスα

パレート図を読み解いて、返品やトラブルを減らす

パレート図が作成できれば、ABC分析ができる。しかし、単に「比率がわかった」で分析を終わらせては意味がない。重要なのは、それをどう読み解くかである。

返品理由の例では、「色違い」と「サイズ違い」がクラスAであった。このことから、通販のウェブサイトが見づらく、色やサイズの選択が困難なのではないかと推察できる。そのため、ウェブサイトのユーザビリティ改善が最重点課題の候補となる。

クラスBの「パッケージ破損」や「数量違い」は主に出荷時や配送時のトラブルと考えられる。「顧客都合」については、今後、詳細に分析する必要があるだろう。

クラスCは比率としては小さいが、長い期間で見れば、大きな問題となってくることもある。例えば「商品違い」が常に一定の割合で起こるのであれば、商品のラベルや手続きが不明確で、特定の担当者になんらかの誤解があるのかもしれない。その問題を解決すれば、ほかの担当者にとっても効率化、省力化につながるはずである。

クラスA,B,Cがどういう意味を持っているかを分析する

・パレート図を読み解く（返品やトラブル対策の例）

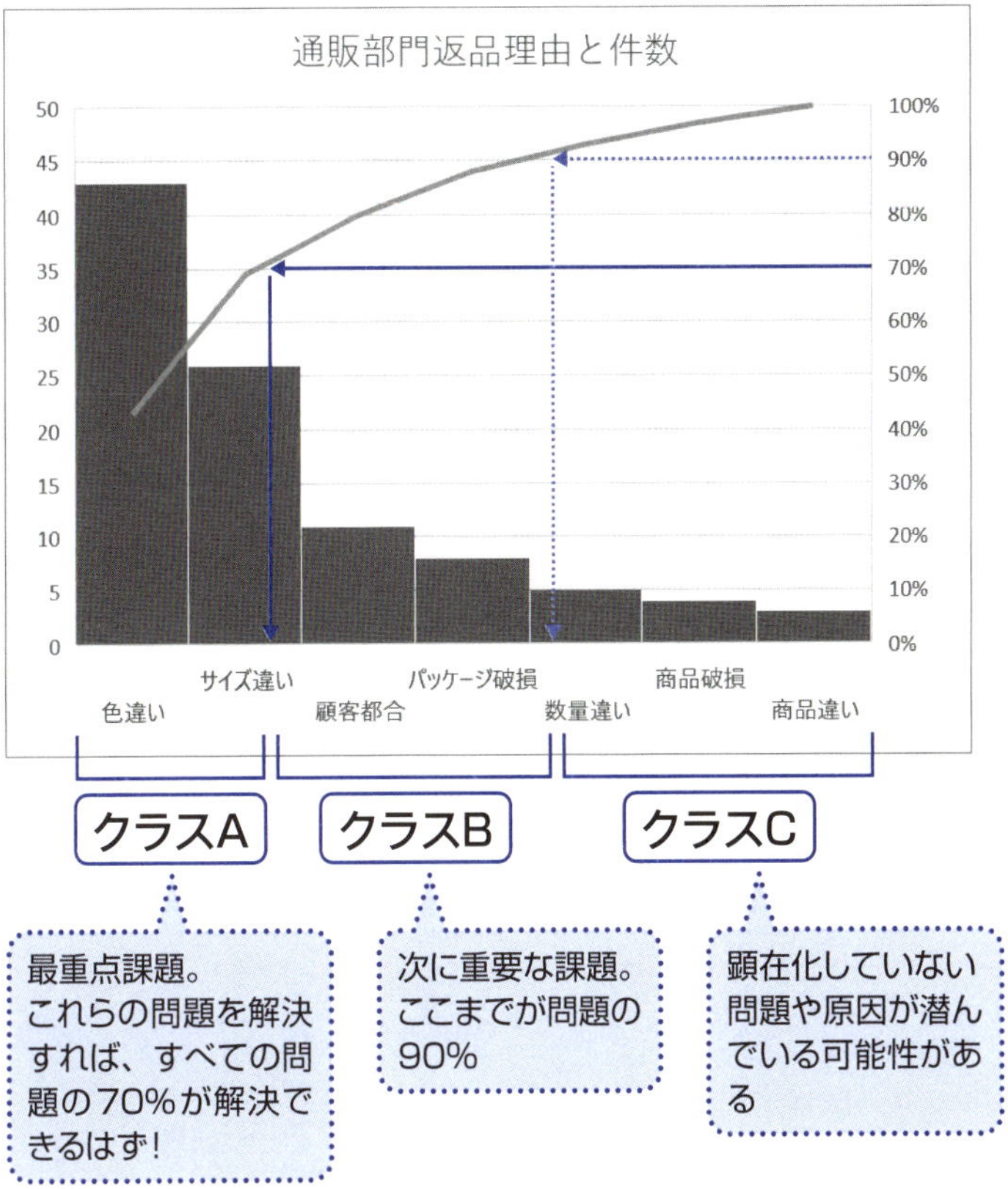

パレート図を使ったABC分析は営業や販売促進にも役立つ！

ABC分析は、営業や販売促進など、さまざまな活動における戦略の立案に役立つ。例えば、担当者別の売上一覧から作ったパレート図では、クラスAの売上に貢献している担当者がわかる。そのノウハウを共有すれば全体のレベルアップが図れる。

一方で、クラスCには問題を抱えている担当者がいるのではないかと推察される。なんらかのサポートができれば、ほかの人にとっても働きやすい環境が作れるはずである。このような分析は、序列を付けるためだけではなく、組織として力を発揮できるように活用したほうが、メリットが大きい。

一方、商品別の売上一覧であれば、クラスAの「売れ筋商品」とクラスCの「死に筋商品」がわかる。ただし、クラスCの商品は固定ファンを持ち、長く売れ続けるという意味で「ロングテール」と呼ばれ、積極的に評価されることもある。

クラスAにより注力するか、クラスCにテコ入れするか（あるいは撤退するか）は、経営方針や事業環境によって異なる。例えば、クラスCは他社と競合しないニッチ商品で、売上は小さいが利益に貢献しているかもしれない。消耗戦を防ぐためにロングテールを育てたほうがよい場合もある。

ABC分析をさまざまな戦略立案に役立てる

• パレート図を読み解く（営業担当者の支援に活用する例）

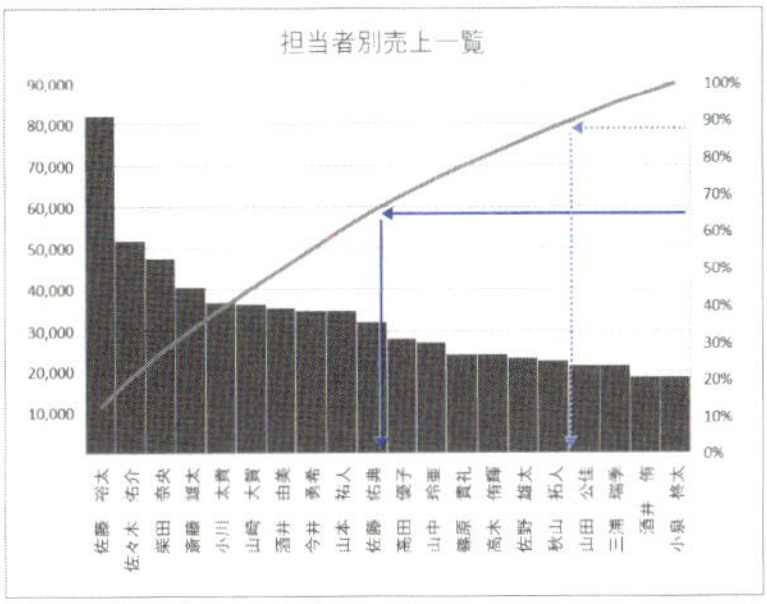

クラスAの担当者が売上に貢献。クラスCの担当者にはサポートが必要になるかもしれない。
数値だけで割り切って査定に利用するよりは、背景を分析したり、ノウハウを共有したり、担当者に合った支援を行うための手がかりとしたほうが、メリットが大きい

• パレート図を読み解く（商品の販売促進に活用する例）

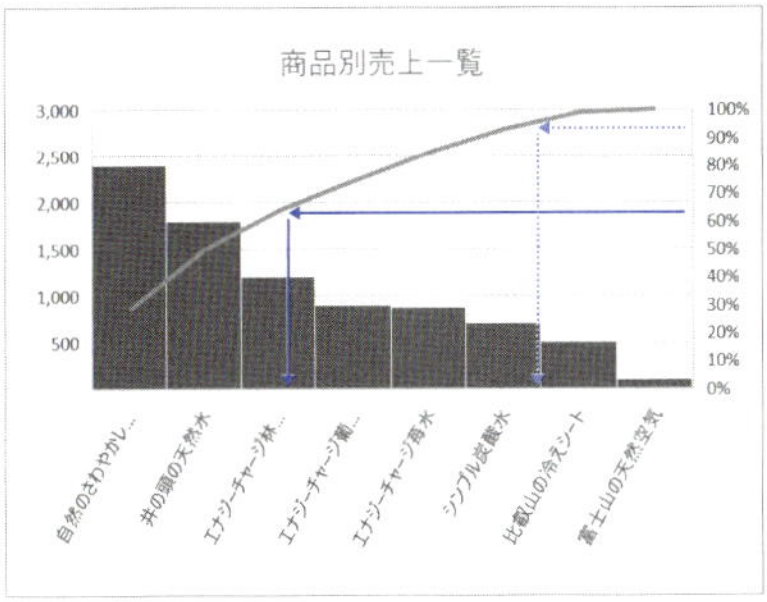

クラスAは売れ筋商品、クラスCは死に筋商品と呼ばれる。
クラスAは売上全体に占める割合が大きいが、他社と競合しているかもしれない。クラスCはニッチ商品として長く売れ続けるものであるかもしれない。この結果を手がかりとして、戦略を立てていくとよい

SUMMARY

- データ分析では背後のしくみや原因を読み解くことが重要
- 分析結果は序列を付けるためではなく、ノウハウの共有や環境の改善に役立てよう

●た行

●な・は行

●ま・ら行

索引

お問い合わせについて

本書に関するご質問については、本書に記載されている内容に関するもののみとさせていただきます。本書の内容と関係のないご質問につきましては、一切お答えできませんので、あらかじめご了承ください。また、電話でのご質問は受け付けておりませんので、必ずFAXか書面にて下記までお送りください。
なお、ご質問の際には、必ず以下の項目を明記していただきますようお願いいたします。

1 お名前
2 返信先の住所またはFAX番号
3 書名
（スピードマスター　1時間でわかる
エクセル　データ分析　超入門）
4 本書の該当ページ
5 ご使用のOSとソフトウェアのバージョン
6 ご質問内容

なお、お送りいただいたご質問には、できる限り迅速にお答えできるよう努力いたしておりますが、場合によってはお答えするまでに時間がかかることがあります。また、回答の期日をご指定なさっても、ご希望にお応えできるとは限りません。あらかじめご了承くださいますよう、お願いいたします。
ご質問の際に記載いただきました個人情報は、回答後速やかに破棄させていただきます。

問い合わせ先

〒162-0846
東京都新宿区市谷左内町21-13
株式会社技術評論社　書籍編集部
「スピードマスター　1時間でわかる
エクセル　データ分析　超入門」
質問係
FAX：03-3513-6167
URL：http://book.gihyo.jp

■ お問い合わせの例

FAX

1 お名前
技術　太郎
2 返信先の住所またはFAX番号
03-XXXX-XXXX
3 書名
スピードマスター　1時間でわかる
エクセル　データ分析　超入門
4 本書の該当ページ
113ページ
5 ご使用のOSとソフトウェアのバージョン
Windows 10
Excel 2016
6 ご質問内容
WEEKDAY関数が入力できない

スピードマスター　1時間でわかる
エクセル　データ分析　超入門

2017年9月14日　初版　第1刷発行

著　者●羽山　博
発行者●片岡　巌
発行所●株式会社　技術評論社
東京都新宿区市谷左内町21-13
電話　03-3513-6150　販売促進部
03-3513-6160　書籍編集部
編集●土井清志
装丁／本文デザイン●クオルデザイン　坂本真一郎
DTP●技術評論社　制作業務部
製本／印刷●株式会社　加藤文明社

定価はカバーに表示してあります。

落丁・乱丁がございましたら、弊社販売促進部までお送りください。交換いたします。本書の一部または全部を著作権法の定める範囲を超え、無断で複写、複製、転載、テープ化、ファイルに落とすことを禁じます。

©2017　Rogue International

ISBN978-4-7741-9172-0 C3055
Printed in Japan